Forschung und Praxis · Band 56

Berichte aus dem Fraunhofer-Institut
für Produktionstechnik und Automatisierung,
Stuttgart, und dem Institut
für Industrielle Fertigung und Fabrikbetrieb
der Universität Stuttgart

Herausgeber: Prof. Dr.-Ing. H. J. Warnecke

Herbert Babić

Beitrag zur systematischen Planung der Qualitätsprüfung bei Klein- und Mittelserienfertigung

Mit 38 Abbildungen und 7 Tabellen

Springer-Verlag
Berlin Heidelberg New York 1982

Dipl.-Ing. Herbert Babić

Fraunhofer-Institut fur Produktionstechnik und Automatisierung (IPA), Stuttgart

Dr.-Ing. H. J. Warnecke

o Professor an der Universitat Stuttgart
Fraunhofer-Institut fur Produktionstechnik und Automatisierung (IPA), Stuttgart

D 93

ISBN-13: 978-3-540-11325-6 e-ISBN-13: 978-3-642-81787-8
DOI: 10.1007/ 978-3-642-81787-8

Gesamtherstellung Drucken + Werben GmbH Zettachring 12 7000 Stuttgart 80
(Fasanenhof-Industriegebiet) · Telefon (07 11) 715 69 06/07/08

2362/3020—543210

Geleitwort des Herausgebers

Die Entwicklungen in der Produktionstechnik in den letzten Jahrzehnten haben entscheidend zur positiven wirtschaftlichen und sozialen Entwicklung in der Bundesrepublik Deutschland beigetragen. Die Produktivität konnte jedes Jahr um durchschnittlich etwa 3,5 % gesteigert werden. Mechanisierung und Automatisierung wurden und werden stetig weiter vorangetrieben. Während es sich bisher jedoch um Verbesserungen an einzelnen Maschinen und Anlagen sowie Verfahren handelte, werden heute alle Unternehmensbereiche erfaßt, und man ist bemüht, das gesamte System Unternehmen bzw. Produktionsbetrieb zu optimieren. Das klassische Bemuhen um Optimierung des Einsatzes und Zusammenwirkens der Produktionsfaktoren Mensch, Maschine und Material muß heute erweitert werden um die Berücksichtigung sozialer Belange, gesetzlicher Auflagen, Probleme der Energieversorgung, schnellen Veränderungen an den Produkten und auf den Märkten sowie Sicherung der Qualität und der Lieferfahigkeit.

Von wissenschaftlicher Seite wird und muß dieses Bemühen unterstützt werden durch die Entwicklung von Methoden und Vorgehensweisen zur systematischen Analyse und Verbesserung des Systems Produktionsbetrieb. Hier ist heute insbesondere auch der Fertigungsingenieur gefordert, nicht nur einzelne Maschinen und Verfahren zu beherrschen, sondern das gesamte komplexe System hinsichtlich der Verknüpfung seiner Elemente durch zweckmäßigen Informations- und Materialfluß. Beispielhaft seien dazu nur hinsichtlich des Informationsflusses die heute gegebenen Möglichkeiten der Datenerfassung und -verarbeitung in Fertigungsplanung und -steuerung, an den einzelnen

Produktionsanlagen sowie im Qualitätswesen genannt. Im Materialfluß geht es um richtige Auswahl und Einsatz von Fördermitteln, Förderhilfsmitteln sowie Anordnung und Ausstattung von Lägern. Der weiteren Automatisierung in der Handhabung von Werkstucken und Werkzeugen sowie der Montage von Produkten wird in nachster Zukunft allergroßte Aufmerksamkeit geschenkt werden. Leistungsfähige Sensoren werden die Möglichkeiten dafür sehr stark vergrößern.

Die beiden vom Herausgeber geleiteten Institute, das Institut für Industrielle Fertigung und Fabrikbetrieb der Universität Stuttgart sowie das Fraunhofer-Institut für Produktionstechnik und Automatisierung in Stuttgart, arbeiten in grundlegender und angewandter Forschung intensiv an den aufgezeigten Entwicklungen in der Produktionstechnik mit. Zur Umsetzung gewonnener Erkenntnisse wird die Schriftenreihe "IPA Forschung und Praxis" herausgegeben. Der vorliegende Band setzt diese Reihe fort, eine Übersicht über bisher erschienene Titel wird am Schluß dieses Bandes gegeben.

Dem Verfasser sei fur die geleistete Arbeit gedankt, dem Springer-Verlag für die Aufnahme dieser Schriftenreihe in seine Angebotspalette und der Druckerei für saubere und zügige Ausführung. Möge das Buch von der Fachwelt gut aufgenommen werden.

Hans-Jürgen Warnecke

Vorwort

Die vorliegende Arbeit entstand während meiner Tätigkeit als wissenschaftlicher Mitarbeiter am Institut für Industrielle Fertigung und Fabrikbetrieb der Universität Stuttgart und am Fraunhofer-Institut für Produktionstechnik und Automatisierung (IPA), Stuttgart.

Mein besonderer Dank gilt dem Leiter beider Institute, Herrn Prof. Dr.-Ing. H.J. Warnecke. Seine großzügige Unterstützung und Förderung haben zur erfolgreichen Durchführung dieser Arbeit beigetragen.

Herrn Prof. Dr.-Ing. A. Storr danke ich für die eingehende Durchsicht und die wertvollen Hinweise, die sich daraus ergaben.

Aus dem großen Kreis meiner Kollegen der Institute, die mich durch ihre Mitarbeit und anregende Kritik unterstützt haben, möchte ich die Herren Dipl.-Ing. H. Kampa, Dipl.-Ing. S. Pauly und cand. mach. J. Kring besonders erwähnen. Ihnen allen gilt mein herzlicher Dank.

Stuttgart, 1982 Herbert Babić

INHALTSVERZEICHNIS

Seite

0 Verwendete Größen, Einheiten und Abkürzungen

A		Auftrag
AFO		Arbeitsfortschritt
AP	mm	Arbeitspunkt
AQL	%	annehmbare Qualitätsgrenzlage
AVG		Arbeitsvorgang
BKZ		Bearbeitungskennzahl
BU	µm	Bearbeitungsunsicherheit
EP		Endprüfung in der Fertigung
FENPRU		Programmname für Fertigungsendprüfung
FK		Fehlerklasse
k		Annahmekriterium, Annahmefaktor
kPA		Annahmekriterium für bestimmte Prüfaufgabenklasse
LQ	%	rückzuweisende Qualitätsgrenzlage
M, WZM		Werkzeugmaschine
m		Merkmalsnummer am Werkstück
m_1	mm/min.	Steigung des linearen Trends
N	St.	Losgröße, Losumfang
N^*	St.	Grundgesamtheit
n; NS	St.	Stichprobengröße, Stichprobenumfang
NM	mm	Nennmaß für Längenmaße
NM_w	grd.	Nennmaß für Winkelmaße
NPA	St.	Losgröße einer Prüfaufgabenklasse
nPA	St.	Stichprobengröße einer Prüfaufgabenklasse
p	%	Fehleranteil
p_{zul}	%	zulässiger Fehleranteil
p_α ; p_{AQL}	%	Fehleranteil bei einer Annahmewahrscheinlichkeit W_α
p_β; p_{LQ}	%	Fehleranteil bei einer Rückweisewahrscheinlichkeit W_β
PA		Prüfaufgabe
PG		Prüfgröße
PN		Prüfnotwendigkeit
PVG		Prüfvorgang

QM		Qualitätsmerkmal
QMK		Qualitätsmerkmalsklasse
R	µm	Spannweite
S		Werkstückseite
s	µm	Standardabweichung einer Stichprobe
s^*	µm	Gesamtheit aller eingegebenen Standardabweichungswerte der Qualitätsmerkmalsklassen
σ; SIG	µm	Standardabweichung einer Grundgesamtheit
SL	mm	Schenkellänge
T	µm	Toleranz für Längenmaße
T_W	"	Toleranz für Winkelmaße
T_o	mm	obere Toleranzgrenze für Längenmaße
T_{oW}	grd.	obere Toleranzgrenze für Winkelmaße
T_u	mm	untere Toleranzgrenze für Längenmaße
T_{uW}	grd.	untere Toleranzgrenze für Winkelmaße
TK		Toleranzklasse
t	min.	Zeit
t_n	min.	Nachstellzeit für das Werkzeug
W	%	Wahrscheinlichkeit
W_α; W_{AQL}	%	Annahmewahrscheinlichkeit eines Loses beim Fehleranteil p_α
W_β; W_{LQ}	%	Rückweisewahrscheinlichkeit eines Loses beim Fehleranteil p_β
x	mm	Merkmalswert
$\bar{x}$	mm	Mittelwert einer Stichprobe
x^*	mm	normierter Merkmalswert
$\bar{x}^*$	mm	Mittelwert von x^*
z		standardisierte Zufallsvariable einer normierten Normalverteilung (N(0,1)-Verteilung)
z_o		obere standardisierte Zufallsvariable
z_u		untere standardisierte Zufallsvariable
$z_{W\alpha}$; z_{WAQL}		standardisierte Zufallsvariable für den Wert W_α
$z_{W\beta}$; z_{WLQ}		standardisierte Zufallsvariable für den Wert W_β

$z_{p\alpha}$; z_{pAQL}		standardisierte Zufallsvariable für den Wert p_α
$z_{p\beta}$; z_{pLQ}		standardisierte Zufallsvariable für den Wert p_β
ZP		Zwischenprüfung in der Fertigung
μ	mm	Mittelwert einer Grundgesamtheit
μ_{zul}	mm	zulässiger Mittelwert einer Grundgesamtheit
μ_{zulo}	mm	oberer zulässiger Mittelwert einer Grundgesamtheit
μ_{zulu}	mm	unterer zulässiger Mittelwert einer Grundgesamtheit
Φ (z)		Verteilungsfunktion von z

1 Zielsetzung und Vorgehensweise

Beim Planen einer der Fertigung angemessenen Qualitätsprüfung ist man in vielen Unternehmen mit Klein- und Mittelserienfertigung noch oft von der Aufgeschlossenheit der Produktionsleitung abhängig. Während sich im Bereich des Fertigens großer Serien fast überall sowohl eine technische als auch organisatorische Trennung von Produktion und Qualitätsprüfung durchgesetzt hat, basieren qualitätssichernde Maßnahmen beim Herstellen kleiner Stückzahlen in vielen Fällen nur auf der Erfahrung des produzierenden Personals. Dies rührt nicht zuletzt von der Meinung her, daß sich ein entsprechender Planungsaufwand für das Sichern der Qualität größerer Produkteinheiten und damit verbunden der Aufbau einer selbständigen Abteilung wirtschaftlich besser vertreten lasse. Begründet wird diese Auffassung damit, daß bei der im Vergleich zur Kleinserie selteneren Umstellung der Fertigungseinrichtungen auf neue Produkte meist werkstückspezifische Prüfmethoden, -einrichtungen und -vorrichtungen zu konzipieren sind, für deren Bau, Betrieb und Überwachung besonders geschultes Personal benötigt wird.

Der kundenorientierte Absatz geringer Produktionsstückzahlen vieler einzelner Erzeugnisse bedingt jedoch stark unterschiedliche qualitative und quantitative Anforderungen an Konstruktions-, Planungs-, Fertigungs- und Prüfkapazitäten, so daß sich oft eine überhöhte und ungleichmäßige Durchlaufzeit mit entsprechender Kapitalbindung einstellt. Um diese Probleme zu minimieren, werden vermehrt z.B. rechnerunterstützte Entscheidungshilfen beim Planen des Fertigungsablaufs /1/, problemorientierte Fertigungsunterlagen /2/ oder moderne Fertigungseinrichtungen mit NC-Technik /3, 4/ eingesetzt. Nur hinsichtlich des Planens der Qualitätsprüfung gibt es trotz zunehmender Institutionalisierung eines Bereichs "Qualitätswesen" noch kaum Lösungsansätze einer systematischen Vorgehensweise, obwohl auch hier durch eine gezielte Planung Rationalisierungsmöglichkeiten vorhanden sind.

Ziel dieser Arbeit ist, für die Qualitätsprüfung einen Weg aufzuzeigen, der zum einen durch geeignete Planungsmethoden für kleine und mittlere Stückzahlen das Sichern vorgegebener Qualitätsanforderungen ermöglicht und dabei die Durchlaufzeit der Erzeugnisse nicht durch zu häufige Prüfungen unnötig verlängert. Zum andern sollen damit objektivierte Planungsgrundlagen und Entscheidungshilfen gegeben werden, die Fehlentscheidungen aufgrund subjektiver Einflußnahmen des prüfenden Personals entgegenwirken.

Ausgehend von einer vorgeschlagenen Aufbauorganisation, in der qualitätssichernde Aufgaben definiert sind, muß deshalb eine allgemeingültige systematische Vorgehensweise zum Planen der Qualitätsprüfung erarbeitet werden, die am Beispiel der Fertigungsprüfung zu konkretisieren ist. Dazu gehören das Aufzeigen grundsätzlicher qualitätssichernder Eingriffsmöglichkeiten in den Produktionsablauf, das Planen entsprechender Prüfzeitpunkte und Prüforte sowie der Prüfhäufigkeit mit geeigneten Prüfmitteln.

Die Notwendigkeit von Eingriffen in den Produktionsablauf ist dabei besonders unter dem Gesichtspunkt einer einzuhaltenden Informations- und Dokumentationspflicht zu sehen. Hierfür müssen entsprechende Abläufe gefunden werden. Die verschiedenen Lösungsmöglichkeiten in Bezug auf Prüfzeitpunkt und Prüfort sind anhand fertigungstechnischer Gegebenheiten bei kleinen und mittleren Serien zu bewerten und in zusätzlichen Planungsunterlagen hinsichtlich Zwischen- und Endprüfung zu berücksichtigen. Wichtig dafür ist, eine Vorgehensweise zum Festlegen einer geeigneten Prüfhäufigkeit für das Beurteilen der Werkstücklose zu erarbeiten. Während Lösungsansätze zum Auswählen optimal einsetzbarer Prüfmittel bereits vorhanden sind /5, 6/, muß für die Problematik der Prüfhäufigkeit eine neue Methode entwickelt werden, da sich aus der Großserienfertigung bekannte statistische Verfahren für kleine Serien nicht ohne weiteres anwenden lassen. Dieses Vorgehen ist zu erarbeiten und am Beispiel der Fertigungsendprüfung mit Hilfe eines Rechenprogramms an verschiedenen Aufträgen unter Berücksichtigung der Wirtschaftlichkeit zu untersuchen.

2 Ausgangssituation

Das Qualitätswesen hat die Aufgabe, mit geeigneten Maßnahmen während des Produktionsprozesses Qualitätsanforderungen im Hinblick auf Erfordernisse und Realisierungsmöglichkeiten mit zu definieren sowie das Einhalten der gestellten Qualitätsanforderungen zu überwachen. Dazu ist es notwendig, daß alle Betriebsbereiche qualitätssichernde Aufgaben erfüllen und vorgegebene qualitätssteigernde Maßnahmen des Qualitätswesens berücksichtigen. Wichtiges Hilfsmittel dazu sind detaillierte Planungsunterlagen und ein Informationssystem, mit dem anfallende Qualitätsdaten erfaßt, z.B. in Qualitätskosten umgesetzt und entsprechend interpretiert werden können.

2.1 Stellung der Qualitätsprüfung im Unternehmen

Die Feststellung, daß dem Planen der Qualität von der Definitionsphase bis zur Produktfreigabe, dem Prüfen der Qualität während der Produktion sowie dem Kontrollieren oder Lenken dieser Maßnahmen vermehrte Bedeutung zukommt, wird in /7/ anhand eines Regelkreises veranschaulicht.

Um aus dieser Darstellung einer "Qualitätsregelung" eine sinnvolle Gliederung einer Abteilung "Qualitätswesen" abzuleiten, ist es notwendig, entsprechende Aufgabenbereiche zu definieren. Dies wird in Bild 1 /8/ anhand des Produktentstehungsprozesses versucht, welcher sich in die Phasen Definition, Planung, Realisierung und Kontrolle unterteilt. Dabei werden Aktivitäten angeführt, die zum einen eng mit den routinemäßigen Tätigkeiten aufeinanderfolgender Unternehmensbereiche verknüpft sind, zum andern eigenständige, zentrale Aufgaben darstellen, deren Bearbeitung unabhängigen "Qualitätsabteilungen" obliegt. Die verwendeten Begriffe "Qualitätsplanung", "Qualitätsprüfung" und "Qualitätslenkung" sind nunmehr auch in der neuen DIN 55350 (Vornorm) /9/ enthalten. Eine genaue Aufgabenbeschreibung der Qualitätsprüfung erfolgt im nächsten Kapitel. Eine Vielzahl

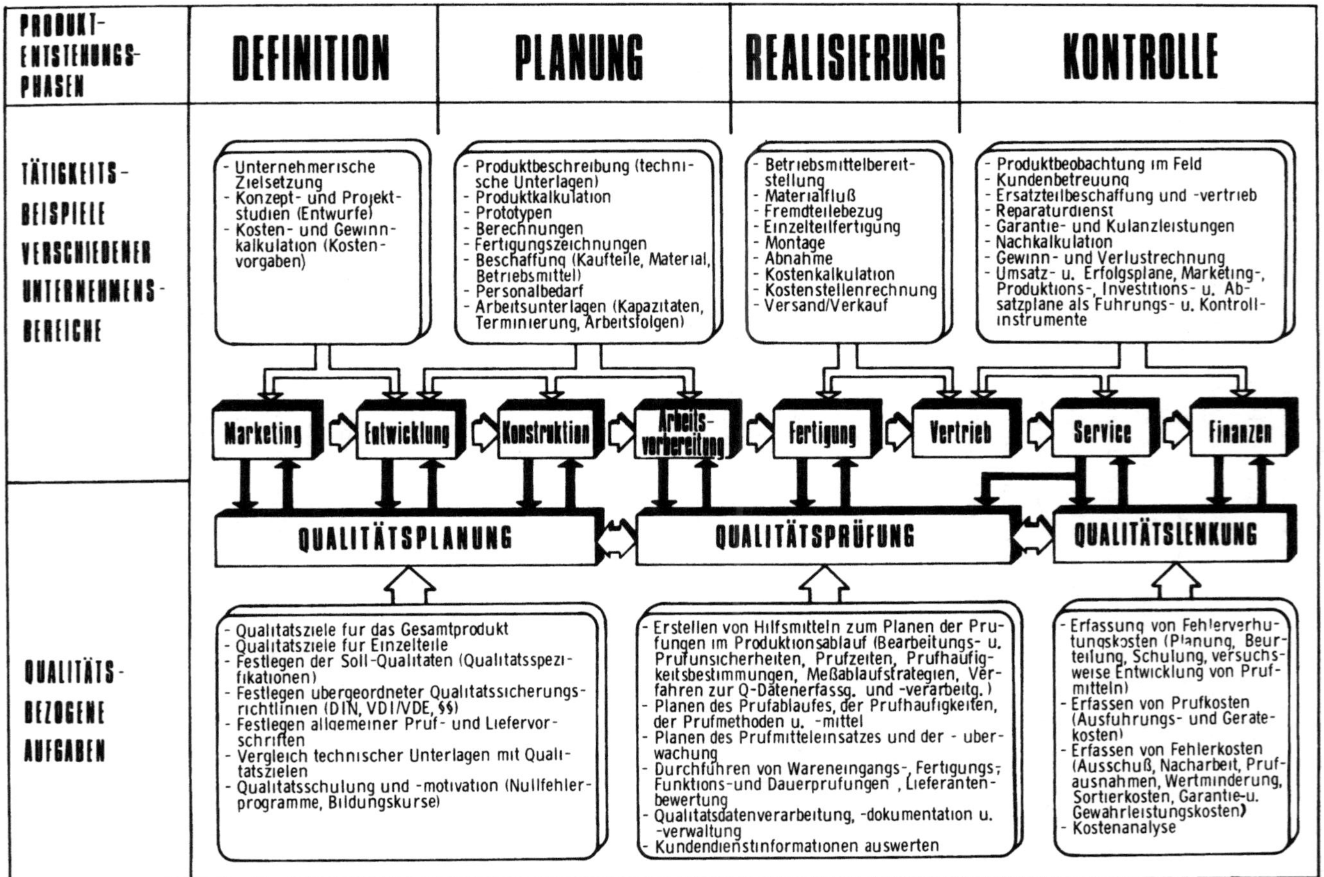

Bild 1: Qualitätsbezogene Aufgaben im Produktentstehungsprozeß

weiterer qualitätssichernder Aktivitäten sind beispielsweise in der Schrift der Deutschen Gesellschaft für Qualität (DGQ) "Organisation der Qualitätssicherung im Unternehmen, Teil 1" /10/ aufgeführt. Dabei wird unterschieden, wer qualitätssichernde Maßnahmen verantwortlich durchführen, wer bei ihrer Durchführung mitwirken und wer nach ihrer Ausführung über die Ergebnisse informiert werden muß.

Aufgrund des genannten Regelkreises und der Darstellung qualitätsbezogener Aufgaben ist das Qualitätswesen in seiner Eigenschaft als "Regeleinrichtung" zumindest in zwei Hauptbereiche zu gliedern: In einen prüfenden und einen lenkenden Teil. Da sich eine Stellgröße nur nach dem Vergleich eines Ist-Zustands mit einem Soll-Zustand ergibt, muß als führungsgrößengebender Bereich noch ein planender Anteil mit berücksichtigt werden. Somit können für das Qualitätswesen die im Bild 1 bereits verwendeten Begriffe als Abteilungen definiert werden: Qualitätsplanung, Qualitätsprüfung, Qualitätslenkung. Da in diesen einzelnen Bereichen ebenfalls planende, ausführende und ergebnisverarbeitende Tätigkeiten vorkommen, kann die Qualitätsprüfung, mit der sich diese Arbeit befaßt, noch in die Untergruppen Prüfplanung, Prüfausführung und Prüfdatenverarbeitung unterteilt werden (Bild 2) /7/.

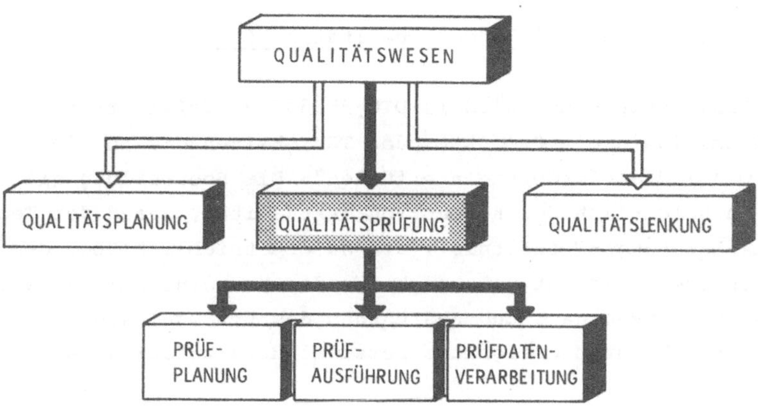

Bild 2: Aufbauorganisation des Qualitätswesens

Diese Organisationsform des Qualitätswesens stellt einen Vorschlag dar, welcher auf der Grundlage bisher angestellter Überlegungen basiert. Selbstverständlich sind andere Lösungen möglich, wie sie beispielsweise die DGQ empfiehlt /10/ und wie sie in verschiedenen Unternehmen vorhanden sind.

Das Einordnen des Qualitätswesens in die Aufbauorganisation eines Unternehmens erfolgt nach funktionalen Formen wie Linien- und Stab-Liniensystemen oder nach produktorientierten Systemen /11/. In Kleinbetrieben kann dabei das Qualitätswesen ohne weitere Untergliederung als Stabsstelle eingeordnet sein. Es wird im allgemeinen genügen, die Aufgaben der Abteilung einem der Geschäftsleitung zugeordneten Mitarbeiter zu übertragen. In Mittelbetrieben, in denen eine funktionale Arbeitsteilung besteht, bietet sich das Einordnen des Qualitätswesens als Linienabteilung an. Bei Großbetrieben sollte eine zentrale Organisation des Qualitätswesens angestrebt werden. Produktorientierte Unternehmensgliederungen zeichnen sich durch allen Produktionsgruppen übergeordnete, zentrale technische und administrative Abteilungen aus. Das Qualitätswesen als "technischer Dienst" übernimmt dabei das Koordinieren der einzelnen projektbezogenen Qualitätsabteilungen.

2.2 Aufgaben und Ziele der Qualitätsprüfung

Die Qualitätsprüfung wird in DIN 55350 /9/ definiert als "Feststellen, inwieweit Produkte oder Tätigkeiten die an sie gestellten Qualitätsanforderungen erfüllen". Die Beurteilung gilt sowohl hinsichtlich der Konzeption (Aktualität, Stand der Technik, Preis-Leistungs-Verhältnis), die außerbetrieblich über den Kunden zu ermitteln ist, als auch für die Übereinstimmung zwischen Konstruktionsvorgabe und Ausführung des Erzeugnisses, die innerbetrieblich durch geeignetes Personal durchzuführen ist.

Die nachfolgenden Ausführungen zum Planen, Durchführen und Ergebnisverarbeiten gelten nur für den innerbetrieblichen Bereich der Qualitätsprüfung.

2.2.1 Planen der Qualitätsprüfung

Neben der Konstruktionszeichnung und der Stückliste ist der Arbeitsplan das dritte wichtige Dokument in der Fertigungstechnik. Für einen optimalen Ablauf der Fertigung ist es unerläßlich, daß im Arbeits- oder separaten Prüfplan auch die Tätigkeiten festgelegt sind, die dem Sichern der Qualität dienen (z.B. Prüfanweisung). In Anlehnung an die Arbeitsplanung können bei der dafür notwendigen Prüfplanung folgende wesentliche Tätigkeitsbereiche unterschieden werden /12/:

- Auswählen der Prüfmethoden und Prüfmittel,
- Einordnen der Qualitätsprüfungen in den Produktionsprozeß und
- Festlegen des Umfangs der durchzuführenden Prüfungen.

Das Festlegen der Prüfmethoden und Prüfmittel beschäftigt sich mit dem Auswählen, dem Beschaffen oder Herstellen sowie Verwalten und Überwachen notwendiger Prüfmittel. Für spezielle Prüfaufgaben sind im Handel nicht immer geeignete Geräte vorhanden. In diesem Fall müssen eigene konstruktive Lösungen gefunden werden. Ob diese Prüfmittel dann von einem Gerätehersteller oder im Eigenbau gefertigt werden, kann durch eine Wirtschaftlichkeitsrechnung geklärt werden. Zur Prüfmittelverwaltung und -überwachung eignet sich der Aufbau und Einsatz eines Prüfmittelklassifizierungssystems /13/. Zum Festlegen des Überwachungsintervalls gibt /14/ entsprechende Hinweise. Die Prüfmitteleinsatzplanung hat die Aufgabe, aus einer Anzahl von prinzipiell geeigneten Prüfmitteln das zum Lösen einer vorliegenden Prüfaufgabe wirtschaftlichste auszuwählen. Dazu ist eine Prüfaufgaben-Prüfmittel-Zuordnung notwendig. Diese Zuordnung kann sich sowohl auf die im Betrieb vorhandenen, als auch auf allgemein auf dem Markt erhältliche Prüfmittel erstrecken. Hierfür sind die bereits erwähnte Prüfmittelklassifizierung und eine entsprechende Prüfaufgabenbeschreibung /15, 16/ sinnvoll. Da für diese Aufgabe bereits Lösungen vorhanden sind /5, 6, 17, 18/, braucht darauf nicht näher eingegangen zu werden.

Ein geplantes Einordnen der Prüfungen in den Produktionsablauf erfolgt derzeit für kleine und mittlere Serien, insbesondere bei mittelständischen Unternehmen, nicht häufig. Vielmehr entscheiden meist Mitarbeiter der Fertigung erst vor Ort aufgrund ihrer Erfahrungen über die Notwendigkeit einer Qualitätsprüfung. Dies führt oft dazu, daß aus Gründen der Personalkapazität oder der Terminsituation die Entscheidungen nicht immer unter wirtschaftlichen Gesichtspunkten getroffen werden können. Vielerorts unterbleiben dann die qualitätssichernden Maßnahmen. Die Folgen sind z.B. erst bei nachfolgenden Fertigungsstufen erkannter Ausschuß bzw. Nacharbeit, die schließlich zu einer höheren Durchlaufzeit des Produkts und zu entsprechenden Mehrkosten führen.

Deshalb muß eine Vorgehensweise erarbeitet werden, mit der man bei häufig wechselnden Werkstücktypen qualitätssichernde Eingriffe vorplanen und beim Festlegen des Fertigungsablaufs feinplanen kann. Damit ist auch die Voraussetzung geschaffen, Dokumentations- und Informationsunterlagen für die Prüfungen bereitzustellen.

Beim Festlegen des Umfangs durchzuführender Prüfungen sind Prüfhäufigkeitswerte, d.h. Anzahl der zu prüfenden Teile oder Merkmale je Los oder je Zeiteinheit anzugeben. Dies kann bei Fertigungsendprüfungen über Stichprobenanweisungen geschehen. Bei Fertigungszwischenprüfungen werden zum Sichern der Qualität "Qualitätsregelkarten" /19/ eingesetzt. Dafür muß bestimmt werden, in welchem Zeitabschnitt wieviele Teile oder Merkmale während der Fertigung geprüft werden müssen /20/. In beiden Fällen kann attributiv oder variabel geprüft werden. Die messende Prüfung findet gegenüber der attributiven Prüfung in der Klein- und Mittelserienfertigung eine häufigere Anwendung, da die Anzahl der benötigten Lehren bei einem wechselnden Teilespektrum viel zu groß würde und einen unrentablen Prüfmittelpark bedeutet. Nachteilig für das Messen ist jedoch, daß sich aus der Großserienfertigung bekannte Stichprobensysteme wie der Military Standard 414 (MIL-STD 414) /21/, das Verfahren nach STANGE /22/ oder das Philips-Stichprobensystem /23/ auf kleine Losgrößen nur unvorteilhaft anwenden lassen (Stichprobenumfang n kommt nahe an den Losumfang N). Zudem sind diese Systeme nicht einfach zu handhaben, da Tabellenwerke benützt und Berechnungen durchgeführt werden müssen.

Aus diesem Grund muß für den Bereich der Klein- und Mittelserienfertigung ein Verfahren entwickelt werden, das zum einen die Erkenntnisse aus den genannten Stichprobensystemen berücksichtigt und zum andern generell die Grundlage gibt, die Statistik überhaupt technisch und wirtschaftlich einsetzen zu können.

Ergeben sich viele Prüfungen an einem Werkstück oder an einer Stichprobe aus einem Los, so kann es zweckmäßig sein, das Reihenfolgeproblem mittels analytischer oder heuristischer Methoden zu lösen /24/.

2.2.2 Ausführen der Qualitätsprüfung

Während die Prüfplanung das Erstellen der zum Teil produktunabhängigen, allgemeingültigen Planungshilfsmittel (Algorithmen, Tabellen, Rechenprogramme, usw.) zur Aufgabe hat, beinhaltet die Prüfausführung alle Aktivitäten, die zum bestmöglichen Durchführen des Prüfvorgangs anhand dieser Unterlagen notwendig sind. Allgemein werden dabei folgende Aufgabenbereiche unterschieden:

- Wareneingangsprüfung,
- Fertigungsprüfung sowie
- Montage-, Abnahme und Versandprüfung.

Diese "Abteilungen" dienen dem Beurteilen von Rohstoffen, Halbzeugen, Fertigteilen (Einzelteile, Baugruppen, Endprodukte).

Für spezielle meßtechnische Probleme, sowohl in der Entwicklung als auch in der Fertigung, können noch besondere Prüflabors eingerichtet sein, die neben Werkstoff-, Funktions- und Lebensdauerprüfungen auch präzise geometrische Prüfungen in klimatisierten Räumen auszuführen haben (z.B. Prüfmittelüberwachung).

Sämtliche von Fremdfirmen gefertigten Teile oder Baugruppen gelangen über den Wareneingang in das Unternehmen. Dabei sind sie auf ihre Spezifikationen, die von der Konstruktion und dem Einkauf festgelegt worden sind, zu überprüfen: Menge, Material, Geometrie, Funktion usw.. Dabei anfallende Daten können z.B. auf Prüfkarten dokumentiert werden, die in der Abteilung Prüfdatenverarbeitung u.a. für eine Lieferantenbeurteilung herangezogen werden. Dieselben Aufgaben betreffen die Fertigungs- und Montageprüfungen für innerbetrieblich erzeugte Produkte. Daneben sind Untersuchungen bezüglich der Bearbeitungsunsicherheit von Maschinen und Verfahren zum Beurteilen der Fertigungsmöglichkeiten vorzunehmen. Die Abnahme- und Versandprüfungen stellen vor dem Versand des Produktes seine Vollständigkeit und Funktion sicher.

2.2.3 Datenverarbeiten in der Qualitätsprüfung

Dieser Bereich ist für alle technischen und organisatorischen Tätigkeiten zum Aufbereiten und Verdichten von Prüfdaten verantwortlich. Unter Prüfdaten werden hier Daten verstanden, die aus Prüfungen des Rohmaterials, der Einzelteile, Baugruppen und bzw. oder des Gesamtprodukts resultieren, unabhängig davon, ob es sich um Eingangs-, Fertigungs-, Funktionsprüfungen oder Maschinenuntersuchungen handelt. Daraus ableitbare Größen wie Prüf-, Fehler- und Fehlerfolgekosten sowie zusätzliche Daten aus Feldbeobachtungen des Erzeugnisses wie Verfügbarkeit, Lebensdauer, Zuverlässigkeit, damit zusammenhängende Werte wie Garantie- und Kulanzkosten und andere verdichtete Daten der Qualitätskostenrechnung (z.B. Fehlerverhütungskosten) führen zu Qualitätsdaten

/8/. Das Aufbereiten besteht hauptsächlich im Auswerten von Meßreihen, Qualitätsregelkarten oder sonstigen Prüfdatenträgern sowie im Ordnen und Sortieren der Daten. Dabei werden zum Teil Fehler gleicher Art oder Ursache nach Häufigkeit des Auftretens oder der Kostenhäufigkeit eingereiht. Das Zuordnen verschiedener Daten zueinander dient zu Vergleichszwecken, wobei viele in der Regel erst verdichtet werden müssen (Bild 3) /25/.

Bild 3: Erfassen, Auswerten und Verteilen der Prüfdaten

Je nach Richtung des Informationsflusses in der Unternehmenshierarchie sind die zu erstellenden Prüfberichte konzentrierter oder detaillierter aufzubauen /26/. Das Auswerten anfallender Daten kann kurz- oder mittelfristig erfolgen. Ersteres ist für den sofortigen Eingriff an der Bearbeitungseinrichtung bestimmt (nachstellen oder neu einstellen). Letzteres geschieht über Fehlermeldungen, die bewertet und mit Kosten versehen werden. Die daraus erstellten Unterlagen erlauben Aussagen über Bearbeitungsunsicherheiten, d.h. über den momentanen Zustand von Fertigungseinrichtungen, können Aufschluß über eventuell neu anzuwendende Prüfanweisungen geben und Analysen der Fehler nach Entstehungsart oder -ort sowie deren Zuordnung zu Kostenstellen und Kostenträgern zulassen. Diese Prüfdaten und Prüfberichte müssen den entsprechenden Stellen im Unternehmen zur Stellungnahme zugeleitet werden. Dazu ist ein Informationssystem notwendig, dessen Aufbau Hauptaufgabe der Abteilung Qualitätslenkung ist.

3 Festlegen einer allgemeinen Planungssystematik

Bisher wurde auf eine mögliche Aufbauorganisation des Qualitätswesens eingegangen. Im folgenden sind die Abläufe in der Qualitätsprüfung festzulegen. Als Ablauf sind alle zum Lösen einer bestimmten Aufgabe notwendigen Arbeiten zu verstehen, die gleichzeitig oder in bestimmter Reihenfolge nacheinander erbracht werden müssen /27/.

3.1 Ablauf der planerischen Tätigkeiten

Beim Planen der Prüfausführung sind verschiedene Problemkreise zu analysieren. Dazu gehören neben dem Einfügen der Prüfungen in den Material- und Informationsfluß der Produktion organisatorische und technische Randbedingungen, die fertigungs- oder produktbezogen sein können. Die Vorgehensweisen sind auf die Kriterien der Klein- und Mittelserienfertigung hinsichtlich Prüfort, Prüfzeitpunkt, Prüfanweisung und Prüfmittel zu bestimmen bzw. anzupassen.

Um die in Kap. 2.2.1 aufgezeigten Probleme in einer logischen Reihenfolge nacheinander bearbeiten zu können, wurde eine Systematik des Ablaufs verschiedener Planungsphasen erarbeitet (Bild 4). Die ersten drei Tätigkeitsfelder besitzen dabei einen übergeordneten Charakter. Die restlichen Vorgehensweisen, außer dem Erstellen des Prüfplans, sind werkstückbezogen und basieren teilweise auf mathematischen Grundlagen.

Besonders bei der Fertigung kleiner und mittlerer Serien können die Eingriffsmöglichkeiten, Arbeitsweisen und der notwendige Qualitätsinformationsfluß nur grob und in allgemeiner Form in den Herstellungsprozeß eingeplant werden. Im Gegensatz zur Großserien- oder Massenfertigung, bei denen, bedingt durch eine meist starre Arbeitsfolge, die Qualitätsprüfungen oft fest nach einzelnen Arbeitsfolgen durchgeführt werden, müssen dazu in der Klein- und Mittelserienfertigung hinsichtlich einer flexibleren

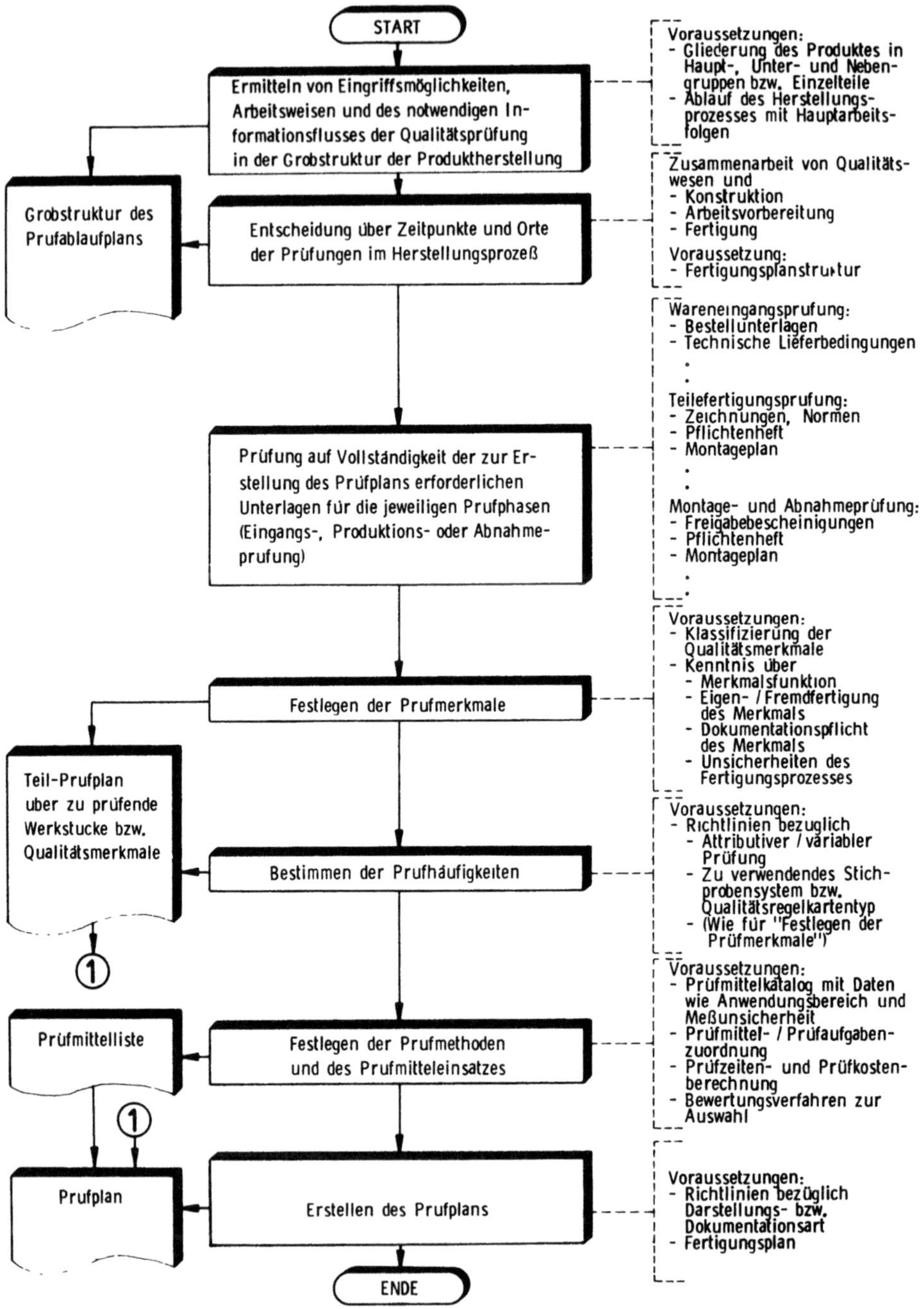
START
Ermitteln von Eingriffsmöglichkeiten, Arbeitsweisen und des notwendigen Informationsflusses der Qualitätsprüfung in der Grobstruktur der Produktherstellung
Voraussetzungen:
- Gliederung des Produktes in Haupt-, Unter- und Nebengruppen bzw. Einzelteile
- Ablauf des Herstellungsprozesses mit Hauptarbeitsfolgen
Grobstruktur des Prufablaufplans
Entscheidung über Zeitpunkte und Orte der Prüfungen im Herstellungsprozeß
Zusammenarbeit von Qualitätswesen und
- Konstruktion
- Arbeitsvorbereitung
- Fertigung
Voraussetzung:
- Fertigungsplanstruktur
Wareneingangsprufung:
- Bestellunterlagen
- Technische Lieferbedingungen
Teilefertigungsprufung:
- Zeichnungen, Normen
- Pflichtenheft
- Montageplan
Montage- und Abnahmeprüfung:
- Freigabebescheinigungen
- Pflichtenheft
- Montageplan
Prüfung auf Vollständigkeit der zur Erstellung des Prüfplans erforderlichen Unterlagen für die jeweiligen Prufphasen (Eingangs-, Produktions- oder Abnahmeprufung)
Festlegen der Prufmerkmale
Voraussetzungen:
- Klassifizierung der Qualitätsmerkmale
- Kenntnis über
- Merkmalsfunktion
- Eigen- / Fremdfertigung des Merkmals
- Dokumentationspflicht des Merkmals
- Unsicherheiten des Fertigungsprozesses
Teil-Prufplan uber zu prüfende Werkstucke bzw. Qualitätsmerkmale
Bestimmen der Prufhäufigkeiten
Voraussetzungen:
- Richtlinien bezuglich
- Attributiver / variabler Prüfung
- Zu verwendendes Stichprobensystem bzw. Qualitätsregelkartentyp
- (Wie für "Festlegen der Prüfmerkmale")
1
Prüfmittelliste
Festlegen der Prufmethoden und des Prufmitteleinsatzes
Voraussetzungen:
- Prüfmittelkatalog mit Daten wie Anwendungsbereich und Meßunsicherheit
- Prüfmittel- / Prüfaufgabenzuordnung
- Prüfzeiten- und Prüfkostenberechnung
- Bewertungsverfahren zur Auswahl
1
Prufplan
Erstellen des Prufplans
Voraussetzungen:
- Richtlinien bezüglich Darstellungs- bzw. Dokumentationsart
- Fertigungsplan
ENDE

Arbeitsfolge Zugeständnisse gemacht werden. Bei großen Stückzahlen finden zudem vermehrt speziell angepaßte automatisierte Prüfeinrichtungen Eingang, die mit einer 100%-Prüfung (Prüfen des Qualitätsmerkmals an jedem Werkstück) nach jedem Arbeitsgang das Risiko hoher Ausschuß- und Nacharbeitskosten mindern.

Ein wechselndes Teilespektrum mit kleinen Stückzahlen läßt dagegen im allgemeinen nur einen flexiblen und nur in Teilbereichen automatisierbaren Prüfmittelpark zu, der im Hinblick auf die bestehende Fertigungsstruktur materialflußtechnisch möglichst zentral gelegen sein sollte.

Dieser Umstand trägt auch dazu bei, daß in vielen Unternehmen mit einer solchen Fertigungsart häufig nur eine auftragsweise Fertigungsendprüfung der Werkstücke vor Verlassen der Fertigungsabteilung vorgenommen wird und nicht nach jedem Arbeitsgang Qualitätsprüfungen stattfinden. Die Kosten einer Zwischenprüfung und eines zusätzlichen Materialflusses oder Prüfmitteltransports wären hierbei möglichen Fehler- und Fehlerfolgekosten gegenüberzustellen, die entstehen, wenn unzulässige Abweichungen der Qualitätsmerkmale erst bei der Fertigungsendprüfung aufgedeckt werden.

Unabhängig davon müssen in der Klein- und Mittelserienfertigung Fertigungszwischenprüfungen für die Fälle vorgesehen werden, bei denen eine Prüfung des Merkmals nach mehreren Arbeitsgängen nicht mehr oder nur noch schwer möglich ist, so z.B. bei nicht mehr vorhandenem Koordinatenbezugspunkt bzw. der Bezugsfläche (z.B. NC-Bemaßung).

Das Festlegen der Prüfmerkmale aus der Vielzahl der Qualitätsmerkmale, das Bestimmen der Häufigkeit ihrer Prüfung sowie die Auswahl geeigneter Prüfmittel mit einer optimalen Reihenfolge muß auftragsbezogen erfolgen und flexibel gestaltet werden. Insbesondere für die Prüfhäufigkeit läßt sich dabei unter Berücksichtigung verschiedener Randbedingungen eine Methode entwickeln, die auf statistischen Vorgehensweisen der Großserienfertigung basiert und eine beträchtliche Reduzierung des Prüfaufwands gegenüber gebräuchlichen Verfahren (s. Kap. 6) bedeutet.

3.2 Eingrenzung der Planungsbereiche

Um den Rahmen des Beitrags einzugrenzen, werden in den nachfolgenden Kapiteln nur Methoden und Hilfsmittel zum Planen der Qualitätsprüfungen in der spanenden Teilefertigung angesprochen. Aus Gründen der Vollständigkeit des Produktentstehungsprozesses wird lediglich im nächsten Kapitel die allgemeine Darstellung des Informationsflusses auch auf den Bereich des Wareneingangs sowie der Montage und des Versands ausgedehnt. Diese Abläufe stellen außerdem nur Grundformen dar, die unternehmensspezifisch detailliert und problemorientiert angepaßt sein müssen.

Auf die Fragen der Prüfmethoden, des Prüfmitteleinsatzes und der Prüfplanerstellung wird aufgrund der bereits bestehenden Lösungen nicht näher eingegangen /5, 6, 17 ,18/.

4 Ermitteln der Eingriffsmöglichkeiten, Arbeitsweisen und des Informationsflusses der Qualitätsprüfung

Zweck dieser planerischen Tätigkeit ist es, in anschaulicher Weise Produktentstehungs- und Prüfschritte zu verbinden, die gegenseitigen Abhängigkeiten zu verdeutlichen sowie daraus resultierende Entscheidungsfolgen im voraus zu klären. Dazu ist es nützlich , den Herstellungsprozeß in einer Grobstruktur mit Haupt-, Neben- und Untergruppen darzulegen. Beim Durchdenken dieses Strukturbaums werden zudem Schnittstellen, Überschneidungen oder Fehlplanungen früher erkannt und somit der detailliertere Vorbereitungsprozeß weniger gestört. Liegen zusätzliche Erkenntnisse im Hinblick auf die Fertigungs- bzw. Fertigungsplanstruktur vor, lassen sich weiter u.a. Prüfzeitpunkte und Prüforte ableiten, die ihrerseits in den Fertigungsablaufplan konkret einzuarbeiten sind.

Da für die prinzipielle Darstellung der Eingriffsmöglichkeiten der Qualitätsprüfung im vorliegenden Fall keine Grobstruktur des Herstellungsprozesses vorliegt, werden in den folgenden Ablaufplänen jeweils nur eine "black box" für den Wareneingang, die Teilefertigung usw. verwendet. In einem speziellen Fall ist diese übergeordnete Planung der Prüfungen, außer im Wareneingang, für jede Hauptarbeitsfolge durchzuführen, wobei die Informationsflußstruktur im wesentlichen erhalten bleibt.

4.1 Qualitätsprüfungen im Wareneingang

Neben der Mengenprüfung angelieferter Produkte besteht die dringende Notwendigkeit eine technische Qualitätsprüfung vorzunehmen, um die Eigenfertigung oder Montage vor Störungen durch ungeeignete Waren zu schützen. Gesetzlich ist die Wareneingangsprüfung (§ 377 HGB /28/) keine Pflicht. Sie ist jedoch Voraussetzung, um gegebenenfalls Gewährleistungsansprüche gegenüber dem Verkäufer geltend zu machen. Da der Abnehmer einer Ware jedoch auch dann nicht von der Untersuchungs- und Rügepflicht entbunden ist, wenn der Lieferer bestimmte Qualitätseigenschaften garantiert, erübrigt sich praktisch das Verlagern der Wareneingangsprüfung auf eine entsprechende Warenausgangsprüfung des Lieferers. Verschiedentlich wurde deshalb dazu übergegangen, betriebseigenes Prüfpersonal zum Überwachen der Lieferantenfertigung einzusetzen und Forderungen an dessen Qualitätssicherungssystem zu stellen /29/. Eine ausführliche Themenbehandlung zum Problem der Wareneingangsprüfung und Produzentenhaftung ist u.a. aus /30, 31/ zu entnehmen.

Neben der Wareneingangsprüfung werden auch bei Lieferung kleiner und mittlerer Serien zum Teil Erstmusterprüfungen durchgeführt (Bild 5) /32/. Der Anlaß für eine Erstmusterprüfung kann das Verwenden neuer Teile oder das Ändern vereinbarter Spezifikationen sein und umfaßt Maße, Werkstoffe sowie Funktionen. Sie soll den Nachweis erbringen, daß der Lieferant in der Lage ist, die vom Abnehmer geforderten Spezifikationen einzuhalten und führt zu einem Erstmusterbericht.

Die Prüfausführung im Wareneingang erfolgt im Anschluß an das Feststellen der Richtigkeit von Menge und Typ entweder durch Stichproben- oder 100%-Prüfungen der Qualitätsmerkmale mit entsprechenden Methoden und Hilfsmitteln. Wird ein Los abgelehnt, kann es zusammen mit einem Prüfbericht an den Lieferanten zurückgeschickt werden. Oft zwingen jedoch Termine und zu geringe Lagerbestände zum Aussortieren der Lieferung und teilweise zum Nacharbeiten in der eigenen Fertigung. Die Kosten gehen bei entsprechender Vereinbarung zu Lasten des Lieferanten.

4.2 Qualitätsprüfungen in der Fertigung

Der Erfolg der Fertigungs- als auch der Montageprüfungen hängt in entscheidendem Maße von der Zusammenarbeit mit der gesamten Fertigung und der Bereitwilligkeit ab, Veränderungen und Korrekturen im Fertigungsprozeß durchzuführen, die aufgrund von Prüfergebnissen notwendig geworden sind. Das Abnehmen eines Loses

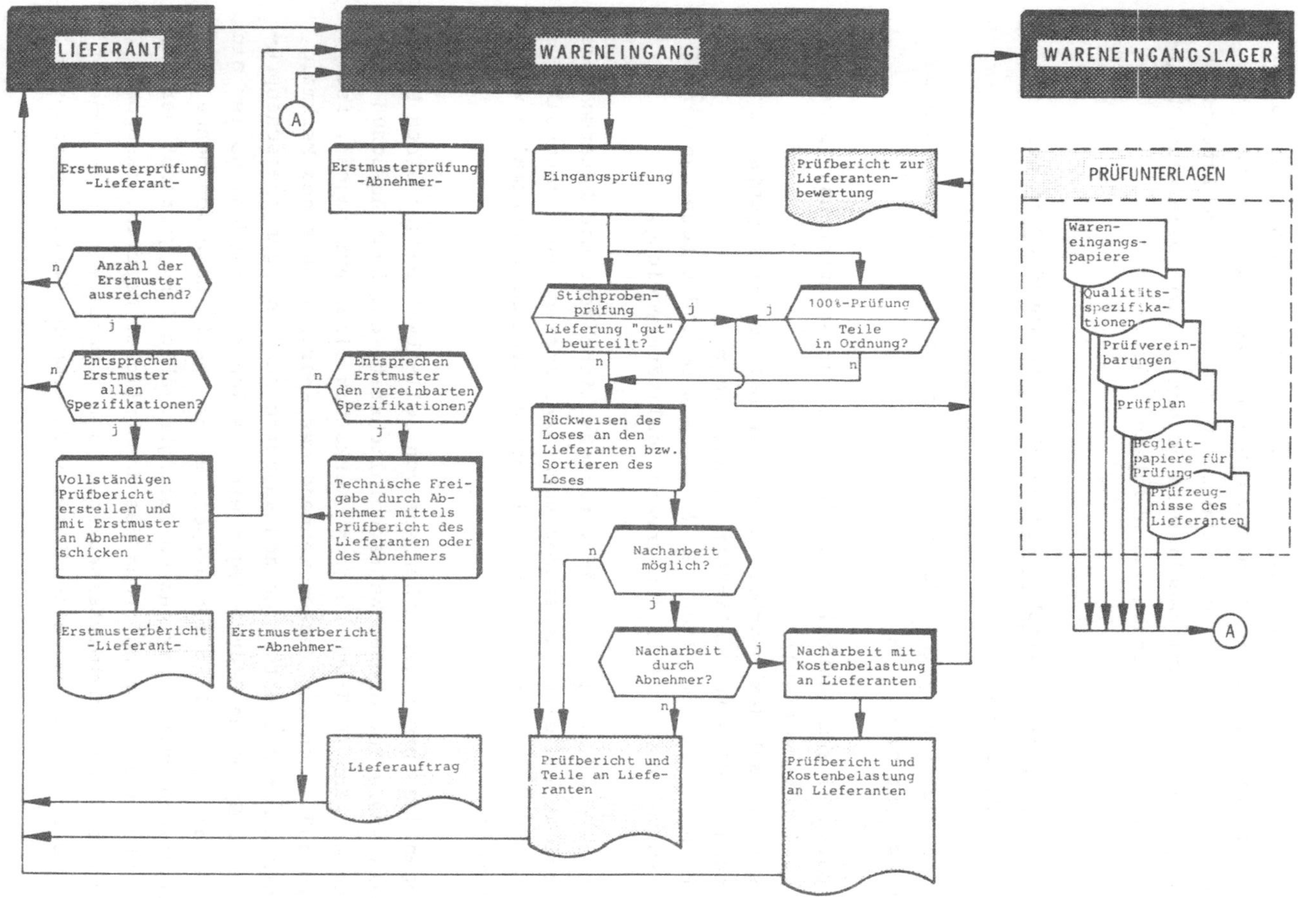

Bild 5: Informationsfluß in der Wareneingangsprüfung

oder die Weisung des Prüfpersonals, eine Maschine nachzustellen, darf deshalb nicht als Bevormundung des Fertigungspersonals aufgefaßt werden. In vielen Betrieben wird dazu das Problem von Selbstprüfungen durch die Arbeiter diskutiert. Diese Arbeitsbereicherung (job enrichment) wird jedoch oft als belastende Mehrverantwortung empfunden und abgelehnt /33/.

4.2.1 Eingriffsmöglichkeiten und Informationsfluß in der Fertigung

Prinzipielle Eingriffsmöglichkeiten in den Fertigungsprozeß bestehen darin, daß

- parallel zum Bearbeiten in der Fertigungseinrichtung (direkte Qualitätsregelung),
- sofort nach dem Bearbeiten in oder bei der Fertigungseinrichtung (indirekte Qualitätsregelung) oder
- nach Fertigbearbeiten des Werkstücks bzw. des Loses an einem zentralen Prüfplatz (indirekte Qualitätsregelung)

gemessen wird. Bild 6 /34/ veranschaulicht dazu die Unterschiede hinsichtlich eines unterbrochenen bzw. zusätzlichen Materialflusses sowie der Reaktionszeit bei auftretenden Merkmalsabweichungen.

Wegen des sofortigen Erkennens von Soll-Abweichungen eines Merkmals sowie der großen Wahrscheinlichkeit, daß kaum Ausschuß entstehen kann (Prüfung an jedem Werkstück eines Auftrages), ist grundsätzlich ein Messen während des Bearbeitens eines Merkmals oder zumindest sofort danach anzustreben (Fertigungszwischenprüfung). Sprechen Gründe gegen einen solchen Prüfmodus, so ist ein zentraler Prüfplatz vorzusehen, zu dem Werkstücke von mehreren Maschinen oder einer ganzen Fertigungsabteilung gebracht werden. Hierbei wird dann aufgrund des zusätzlichen Materialtransports in der Klein- und Mittelserienfertigung meist ein abschließendes Beurteilen des ganzen Loses vorgenommen (Fertigungsendprü-

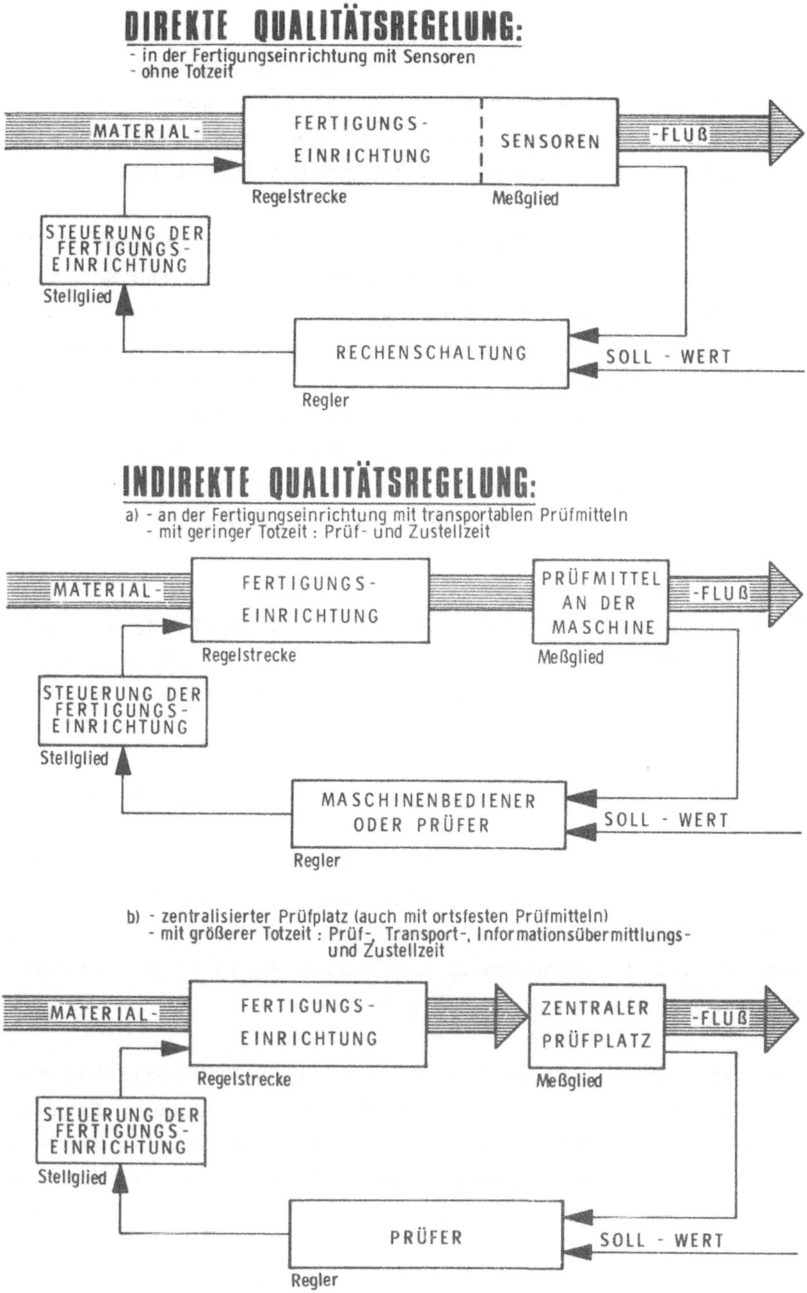

Bild 6: Möglichkeiten der Qualitätsregelung

fung). Verschiedene Entscheidungskriterien, ob zwischen den Arbeitsgängen auf der gleichen Fertigungseinrichtung oder zum Abschluß einer oder mehrerer Fertigungsstufen geprüft werden muß, werden in Kap. 5 beschrieben, da hierbei spezielle fertigungstechnische Randbedingungen zu berücksichtigen sind.

Unabhängig von der Prüfperson sind die Prüfergebnisse so zu dokumentieren, daß bei Nacharbeit oder Ausschuß eine Kostenbelastung für die verantwortliche Kostenstelle möglich ist. Treten Abweichungen infolge Materialfehler auf, ist zu untersuchen, ob dieser Tatbestand nicht durch frühere Prüfungen hätte erkannt werden müssen. Dasselbe gilt für das Entdecken von Fehlern in Fertigungsstufen, die dort nicht verursacht worden sind. In diesen Fällen müssen die Kosten den verantwortlichen Prüfstellen angelastet werden, um so eine gezielte Schwachstellenanalyse durchführen zu können.

Der Informationsfluß in der Teilefertigungsprüfung ist aus Bild 7 zu ersehen, wobei die Entscheidungshilfen für die Fertigungsendprüfung ausführlich in Kap. 6 angesprochen werden.

4.2.2 Vorgehensweise zum Planen der Fertigungsprüfungen

Wie bereits erwähnt, lassen sich bei Kenntnis verschiedener fertigungsorganisatorischer, -technischer und qualitätsplanerischer Randbedingungen auch eine detailliertere Systematik der Prüfplanung für die Teilefertigung aufstellen (Bild 8) und weitere Vorgehensweisen daraus ableiten /35/.

Dies betrifft vor allem die prinzipiellen Prüfmöglichkeiten bei gegebenem Teilespektrum und zur Verfügung stehender Fertigungseinrichtungen sowie die Häufigkeit der Prüfungen in Abhängigkeit zu fertigender Toleranzen und der Fähigkeit der Einrichtungen, diese einzuhalten.

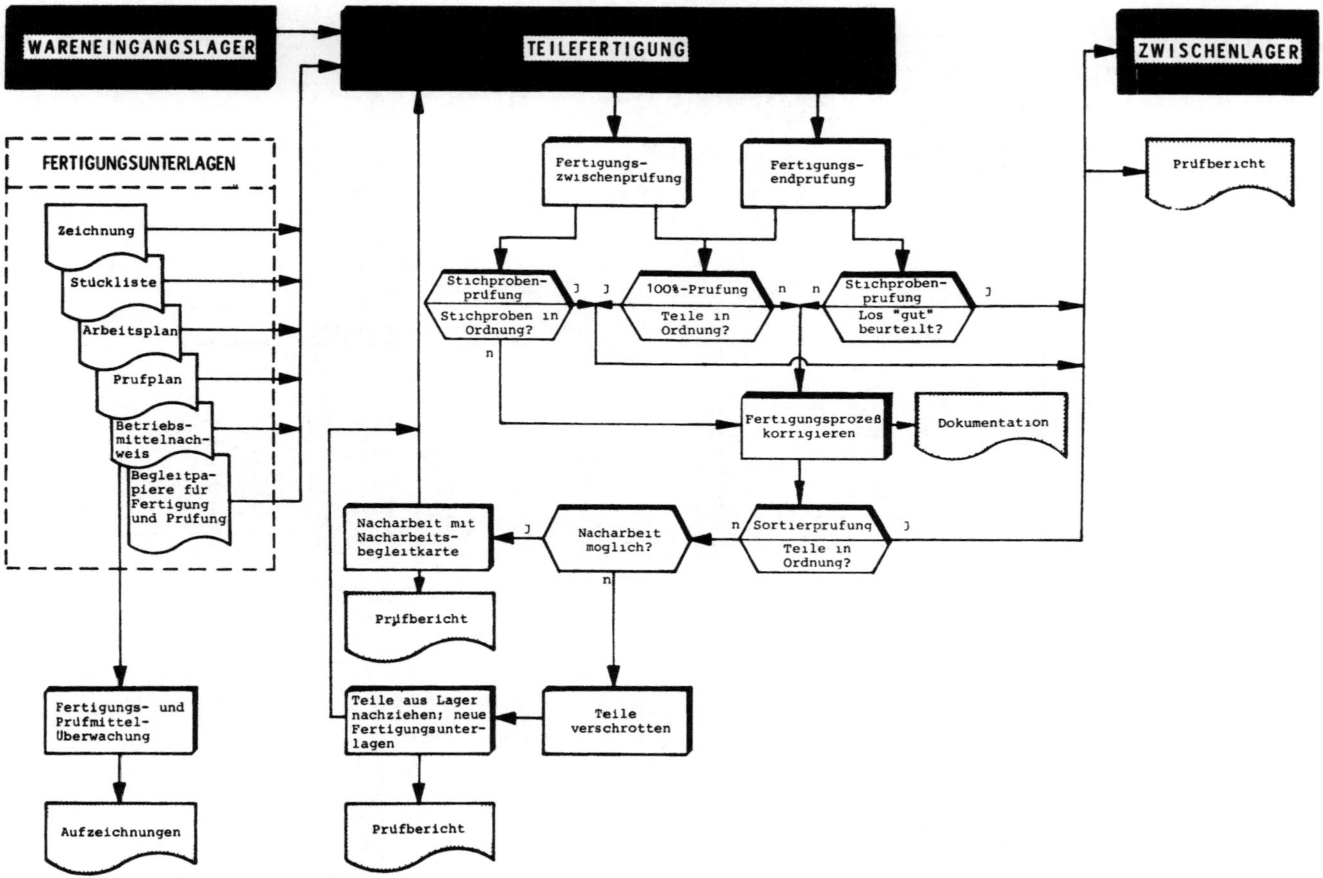

Bild 7: Informationsfluß für die Teilefertigungsprüfung

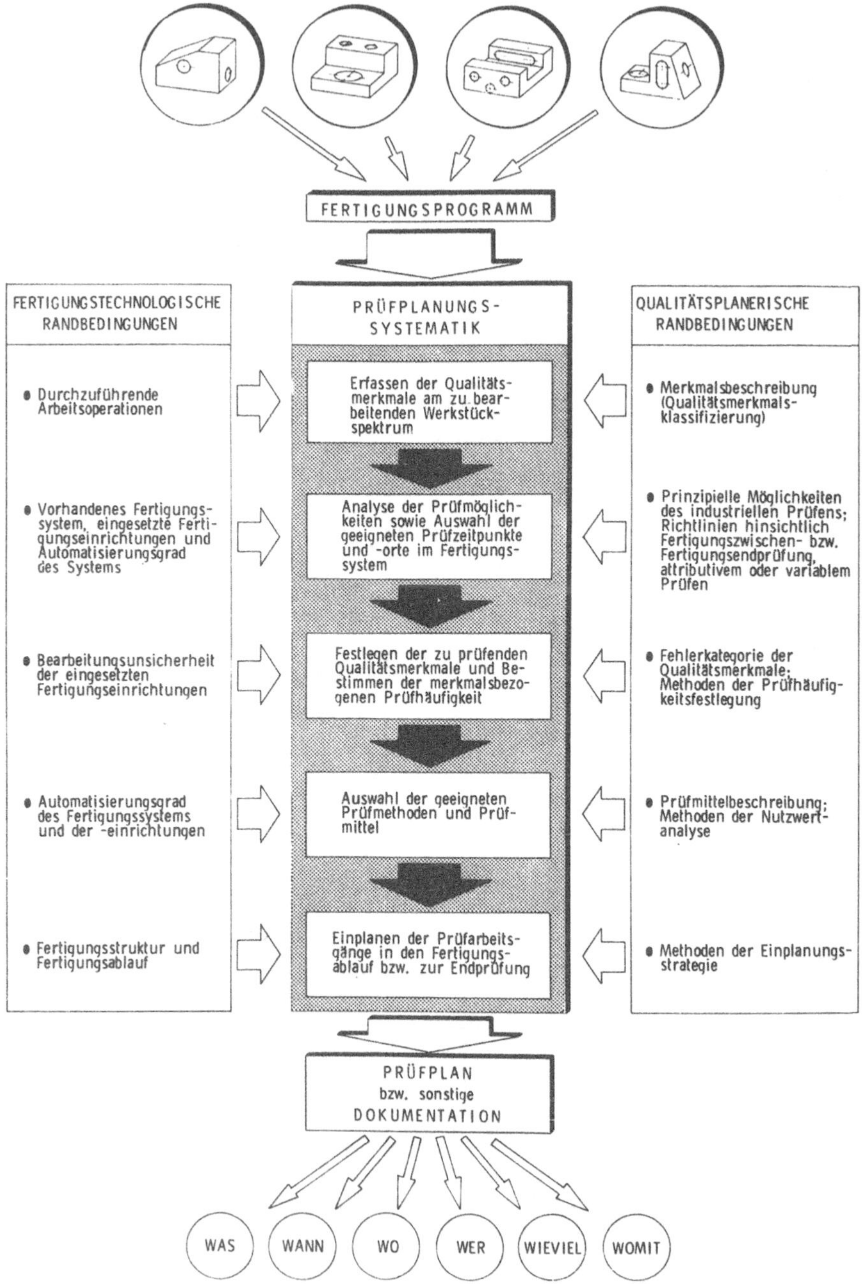

Bild 8: Systematik zum Planen der Qualitätsprüfung in der

4.3 Qualitätsprüfungen in Montage und vor Versand

Qualitätsprüfungen in der Montage betreffen in der Regel Funktionsprüfungen an einzelnen Baugruppen und Endprodukten. Ersteres um so mehr, als fehlerhafte Teilsysteme des Erzeugnisses einen zusätzlichen Montageaufwand erfordern und somit erhebliche Kosten verursachen. Besondere Bedeutung beim Auswerten der Prüfergebnisse kommt der Kostenbelastung bei unzulässigen Abweichungen und somit der Entscheidung über den Verursacher zu. Die oft nicht ganz einfach zu klärende Frage, ob das Nichtfunktionieren auf Fehler der Bauteile und somit der Fertigung bzw. Fertigungsprüfung oder der Montage zurückzuführen ist, wird meist dadurch ausgeräumt, daß spezielle Arbeitskräfte außerhalb der Montagelinie die Fehler ohne Ursachenangabe in Einzelaktionen beheben. Die dabei entstehenden Kosten werden zudem in vielen Fällen als Gemeinkosten erfaßt. Aus dieser Vorgehensweise lassen sich somit keine qualitätslenkenden Maßnahmen ableiten.

Den Abschluß der erzeugnisbegleitenden Prüfungen bildet die Versandprüfung. Sie bringt Gewißheit, daß alle den Betrieb verlassenden Teile vollzählig, in ordnungsgemäßem Zustand (ohne Beschädigungen und entsprechend konserviert) und transportgerecht verpackt sind. Zur Vollständigkeit der Lieferung gehören neben dem kompletten Produkt u.a. die Betriebsanleitung und notwendige Prüfzertifikate (Bild 9).

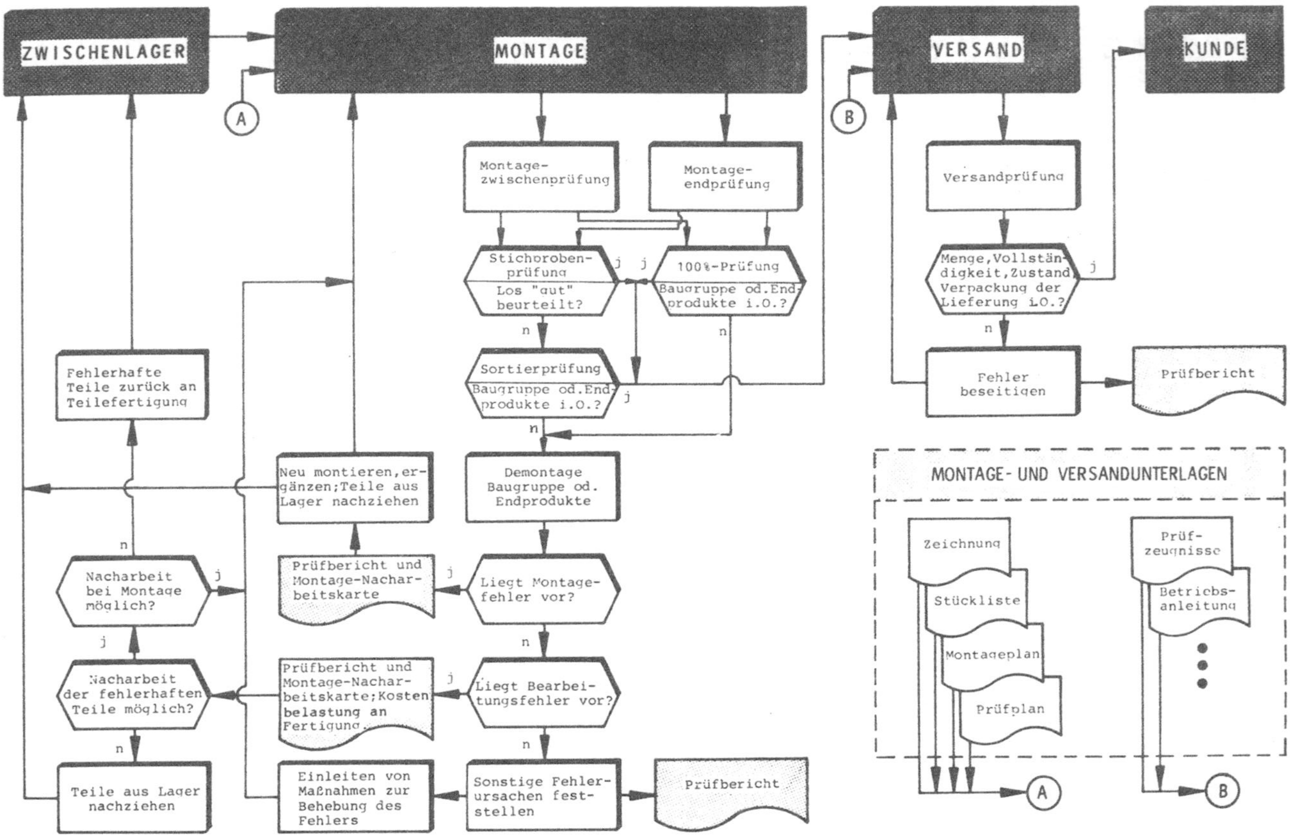

Bild 9: Informationsfluß für Prüfungen in der Montage und vor Versand

5 Ermitteln möglicher Prüfzeitpunkte und Prüforte im Fertigungsprozeß

Das Aufzeigen verschiedener Randbedingungen in der Fertigung macht deutlich, daß die Einflüsse auf die Qualitätsprüfung sowohl organisatorische als auch technische Auswirkungen mit sich bringen. Zum einen stellt sich dabei die Frage des Prüfzeitpunkts, wobei grundsätzlich neben dem üblichen Prüfen nach der Bearbeitung noch Möglichkeiten während der Bearbeitung zu beachten sind. Zum andern, eng verbunden mit dieser Thematik, das Problem des Prüforts, bei dem vor der Wahl des räumlichen Standorts in der Fertigungsabteilung ein eventuelles Prüfen im Arbeitsraum der Maschine zu klären ist. Schließlich sind Fragen der Prüfperson, ihrer Qualifikation und ihrer organisatorischen Zugehörigkeit zu diskutieren.

5.1 Prinzipielle Möglichkeiten des Prüfzeitpunkts und des Prüforts

Wie schon angedeutet, kann zwischen Prüfzeitpunkt und Prüfort ein Zusammenhang dahingehend gesehen werden, daß Variationsmöglichkeiten zwischen einem maschinenfernen und maschinennahen Prüfen vor, während und nach dem Bearbeiten eines Merkmals bestehen, je nach Art des Prüfgegenstands und des Prüfziels. Bild 10 verdeutlicht dazu die prinzipiellen Möglichkeiten von mittelbarem und unmittelbarem Prüfen der Werkstückgeometrie.

In der Praxis dient ein Prüfen vor der Bearbeitung jedoch nur dazu, den Fertigungsprozeß sicherer zu gestalten. Eine richtige Werkzeugeinstellung und -position sowie die Kenntnis über Werkstückrohmaße und Werkstücklage im Arbeitsraum der Maschine sind besonders beim Verwenden von NC-gesteuerten Bearbeitungseinrichtungen Grundvoraussetzungen zum Arbeitsablauf. Dieser Prüfzeitpunkt wird deshalb für die weiteren Überlegungen ebenso außer Betracht gelassen, wie die Messungen am Werkzeug (Werkzeugverschleiß) während und nach der Bearbeitung. Bei dieser Prüfmöglichkeit werden nicht alle Einflußfaktoren bzw. Auswirkungen

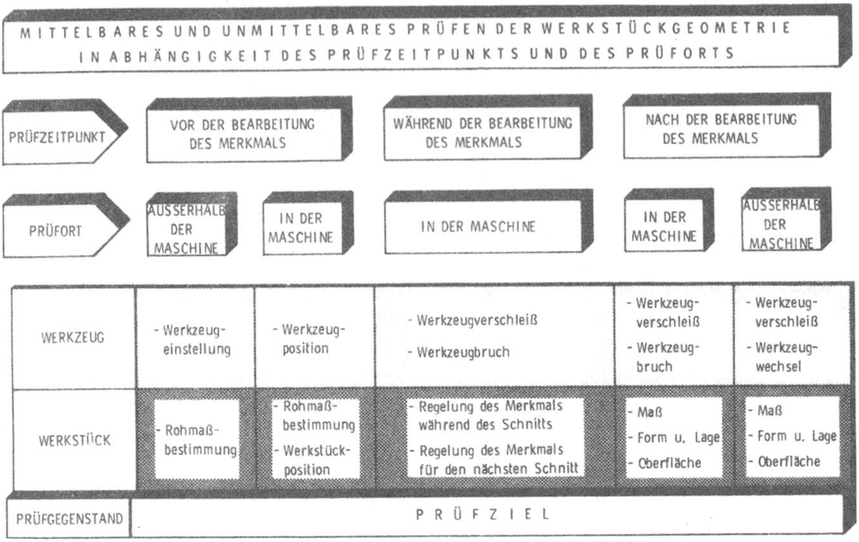

Bild 10: Möglichkeiten des Prüfens der Werkstückgeometrie in Abhängigkeit des Prüfzeitpunkts und des Prüforts

der Bearbeitungsunsicherheit auf das betreffende Qualitätsmerkmal erfaßt (s. Kap. 6.2.2.2). Dies kann nur durch unmittelbares Messen am Werkstück erfolgen.

5.2 Fertigungstechnische Randbedingungen

Um das vielgestaltige Erzeugnisspektrum bei kleinen und mittleren Serien wirtschaftlich fertigen zu können, werden gleiche oder ähnliche Teile verschiedener Produkte in Gruppenlosen zusammengefaßt. Dabei findet als Fertigungsorganisationsform meist die verfahrensbezogene Werkstattstruktur Anwendung. Sie ist durch das räumliche Ordnen gleichartiger Maschinen und Arbeitsplätze gekennzeichnet.

Mit dem Einsatz moderner Fertigungssysteme eröffnet sich auch für den Bereich kleiner und mittlerer Serien die Organisationsform des Erzeugnisprinzips. Diese Struktur enthält Anordnungen von Maschinen und Einrichtungen, die dem Fertigungsablauf gleicher oder ähnlicher Teile Rechnung tragen.

Numerisch gesteuerte Werkzeugmaschinen verbreiten sich zunehmend in der Fertigungstechnik allgemein und in der spanenden Klein- und Mittelserienfertigung im besonderen. Kennzeichnend ist ein Anteil, bezogen auf die eingesetzten Werkzeugmaschinen, von z.Z. etwa (3 ... 5) % und einem prognostizierten Sättigungsgrad von ca. (15 ... 50) % /36/ mit der Zielvorstellung einer wirklich automatischen Klein- und Mittelserienfertigung vom Lager zum Lager. Die Gründe für diese Entwicklung sind branchenabhängig, resultieren aber allgemein aus Faktoren wie:

- höhere Produktivität,
- größere Flexibilität,
- mehr Werkstückvarianten und kleinere Fertigungslose,
- steigende Forderungen bezüglich der Fertigungstoleranzen,
- vermehrter Facharbeitermangel und
- steigende Personalkosten.

Seit einiger Zeit werden aus diesen Fertigungseinheiten Systeme aufgebaut, die bei hohem Automatisierungsgrad hinsichtlich Arbeitsablauf und Werkstückhandhabung autonom sind. Sie erlauben es, an einem Teilespektrum eine oder mehrere Bearbeitungsarten ohne Eingriff des Menschen auszuführen und werden als flexible Fertigungszellen /37/, bei zusätzlichem gemeinsamem Steuer- und Transportsystem als flexible Fertigungssysteme /38/ bezeichnet.

5.3 Auswirkungen der fertigungstechnischen Randbedingungen

Die Möglichkeiten des unmittelbaren Messens am Werkstück hängen weitgehend von diesen fertigungstechnischen Randbedingungen ab, die sowohl prüftechnische als auch personelle Auswirkungen haben.

5.3.1 Prüftechnische Auswirkungen

Moderne Fertigungseinrichtungen und -systeme beeinflussen die Qualitätsprüfung besonders dahingehend, daß im Hinblick auf die Gesamtkonzeption eines automatisierten Systems auch das Prüfen nur noch teilweise vom Menschen ausgeführt werden sollte. Deshalb wird in den letzten Jahren versucht, die Qualitätsprüfung automatisch in der Maschine, zum einen während der Bearbeitung (Meßregelung) /39/, zum andern nach der Bearbeitung durch z.B. einen in die Werkzeughalterung einwechselbaren Meßtaster /4/, durchzuführen. Diese Vorgehensweisen sind derzeit jedoch erst für Teillösungen realisiert. In Bild 11 ist dazu noch eine Wertung dieser Meßmöglichkeiten aufgeführt, welche als Ergebnis für das allgemeine Ausführen der Qualitätsprüfung in der Klein- und Mittelserienfertigung momentan nur das herkömmliche Messen nach der Bearbeitung und außerhalb der Maschine zuläßt.

BEWERTUNGS-KRITERIEN / PRÜFZEIT-PUNKT PRÜFORT	Reaktionszeit bei Merkmalsabweichung	Beeinflussung des Bearbeitungsablaufs	Flexibilität der Prüfeinrichtung	Meßunsicherheit der Prüfeinrichtung	Industrielle Anwendung
Während der Bearbeitung des Merkmals in der Maschine	sehr kurz -Meßregelung	kein Unterbrechen notwendig	eingeschränkt auf ein Merkmal	beeinflußt durch z.B. -Erschütterung -Erwärmung -Kühlmittel	eingeschränkt auf wenige Fertigungsverfahren und Merkmale
Nach der Bearbeitung des Merkmals in der Maschine	kurz -für nächstes Merkmal	Maschinenstillstand erforderlich	eingeschränkt auf wenige Merkmale	beeinflußt durch z.B. -Erwärmung -Gratbildung -Verunreinigung	eingeschränkt auf wenige Merkmale
Nach der Bearbeitung des Merkmals außerhalb der Maschine	lang -abhängig von Prüfzeit	kein Unterbrechen notwendig	nicht eingeschränkt	nicht maschinenbedingt beeinflußt	nicht eingeschränkt

Bild 11: Bewertung verschiedener Prüfzeiten und Prüforte

Die daran anschließende und damit verbundene Frage nach der Zwischen- oder Endprüfung kann z.B. mit Hilfe des Ablaufs in Bild 12 geklärt werden.

Voraussetzung für eine Fertigungsendprüfung ist ein stabiler Fertigungsprozeß, dessen Abweichungen sich in bestimmten engen Grenzen bzw. nur in bekannter Weise ändern (s. Kap. 6.1). In diesem Fall wird ein abschließendes Überwachen der Qualitätsmerkmale und somit der Fertigung genügen. In allen anderen Fällen muß mit wirtschaftlich sinnvollem Aufwand durch eine mehr oder weniger häufige Werkstückentnahme (Prüfintervall) nach den einzelnen Arbeitsoperationen ein Prüfen des Merkmals, d.h. ein kurzfristiges indirektes Regeln des Fertigungsprozesses, gewährleistet werden.

Für eine derartige Zwischenprüfung ist neben dem Beantworten der Frage, ob eine solche qualitätssichernde Aktivität von seiten des Automatisierungsgrads der Bearbeitungseinrichtung bzw. des Fertigungssystems (z.B. Verkettung) überhaupt möglich ist, eine Wirtschaftlichkeitsbetrachtung durchzuführen. Zum einen können die Maschinenstillstandskosten oder die Unsicherheiten beim Ab- und Wiederaufspannen des Werkstücks auch bei nicht stabilen Fertigungsprozessen oft so groß sein, daß auf eine Prüfung nach Beendigung mehrerer Arbeitsoperationen übergegangen werden muß. Zum andern zwingen Prüfungen z.B. auf Mehrkoordinatenmeßgeräten zu einem zusätzlichen Materialtransport. Auch hier müssen anfallende Kosten gegenüber möglichen Fehlerkosten abgewogen werden.

Bei der Auswahl des einzusetzenden Prüfmittelparks muß neben der Forderung nach einer größtmöglichen Flexibilität, wie erwähnt, der Automatisierungsgrad im Hinblick auf das Fertigungssystem (Werkstückhandhabung, Betriebsdatenverarbeitung, usw.) beachtet werden. Es ist anzustreben, die Prüfmittel bezüglich der Flexibilität und des Automatisierungsgrads den eingesetzten Fertigungseinrichtungen anzupassen, wobei geeignete Prüfpersonen benötigt werden. Bild 13 zeigt insbesondere im mittleren und obe-

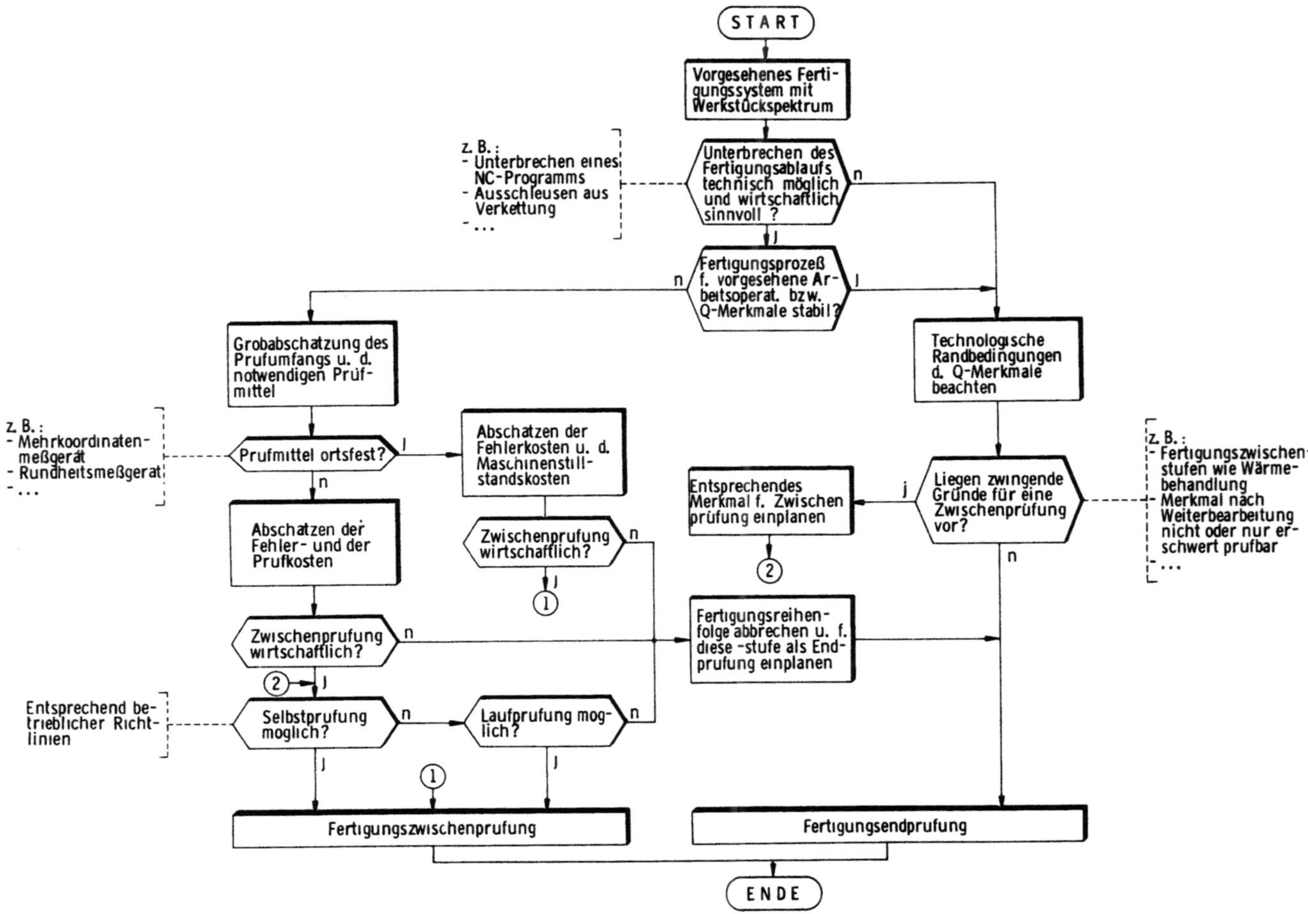

Bild 12: Ablauf zum Festlegen des Prüfmodus Fertigungszwischen- bzw. Fertigungsendprüfung

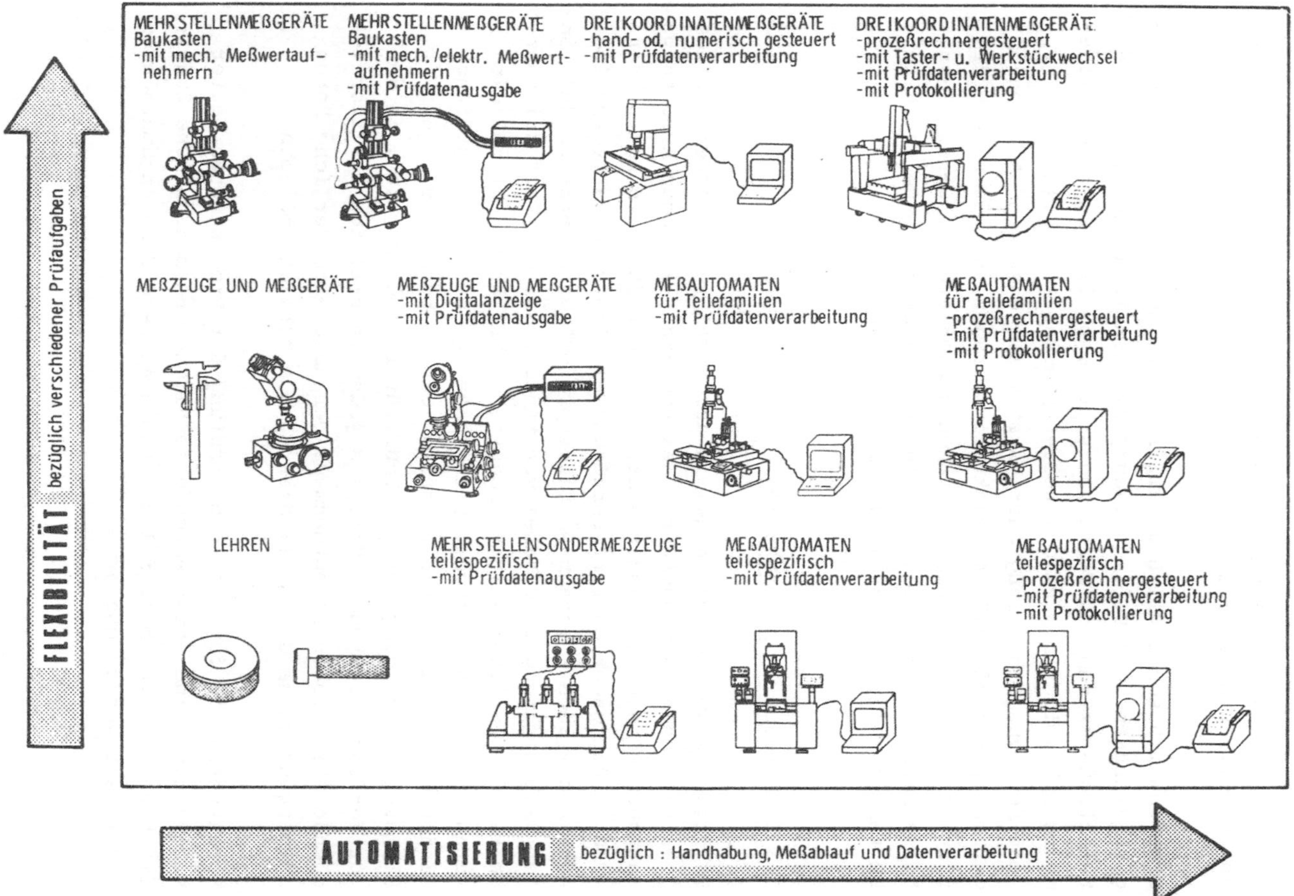

Bild 13: Flexibilität und Automatisierung von Prüfmitteln der industriellen Längenprüftechnik

ren Teil Prüfmittelgruppen, die sich für den Einsatz bei Klein- und Mittelserienfertigung eignen.

Ergeben sich schließlich detaillierte Vorstellungen über Fertigungszwischen- und Fertigungsendprüfungen in Abhängigkeit von Werkstückspektrum und Fertigungssystem, so läßt sich der allgemeine Prüfablauf aus Bild 7 weiter präzisieren (Bild 14). Für jede Fertigungsabteilung oder -system ist dazu produktbezogen der entsprechende Prüfzeitpunkt einzutragen, der je nach Prüfplanungsfortschritt durch Prüfanweisungen ergänzt werden kann. Diese Darstellung erleichtert in entscheidendem Maße das Einarbeiten der Prüfvorgänge in den Fertigungsplan.

5.3.2 Personelle Auswirkungen

Fertigungsendprüfungen werden in der Regel von Mitarbeitern des Qualitätswesens durchgeführt. Bei Prüfungen zwischen Arbeitsoperationen können im Prinzip statt der sonst üblichen Laufprüfer (Prüfer überwacht mehrere Fertigungseinrichtungen an verschiedenen Orten) auch sogenannte "Selbstprüfer" eingesetzt werden. Unter Selbstprüfung wird dabei verstanden, daß der Produktionsarbeiter die Qualität seiner Produkte selbst überwacht und die Verantwortung dafür trägt. Die Gründe für eine Selbstprüfung sind hauptsächlich darin zu sehen, daß es besonders in der Kleinserienfertigung für die Laufprüfer schwierig ist, in der zur Verfügung stehenden Zeit aus jedem gefertigten Los ausreichende Stichproben zu entnehmen. Der dazu erforderliche Personalaufwand würde die Qualitätskosten erheblich steigern.

Voraussetzungen für die Selbstprüfung der Produktionsarbeiter sind jedoch eine entsprechende fachliche und menschliche Qualifikation, die gegebenenfalls durch geeignete Schulungsmaßnahmen vermittelt werden müssen.

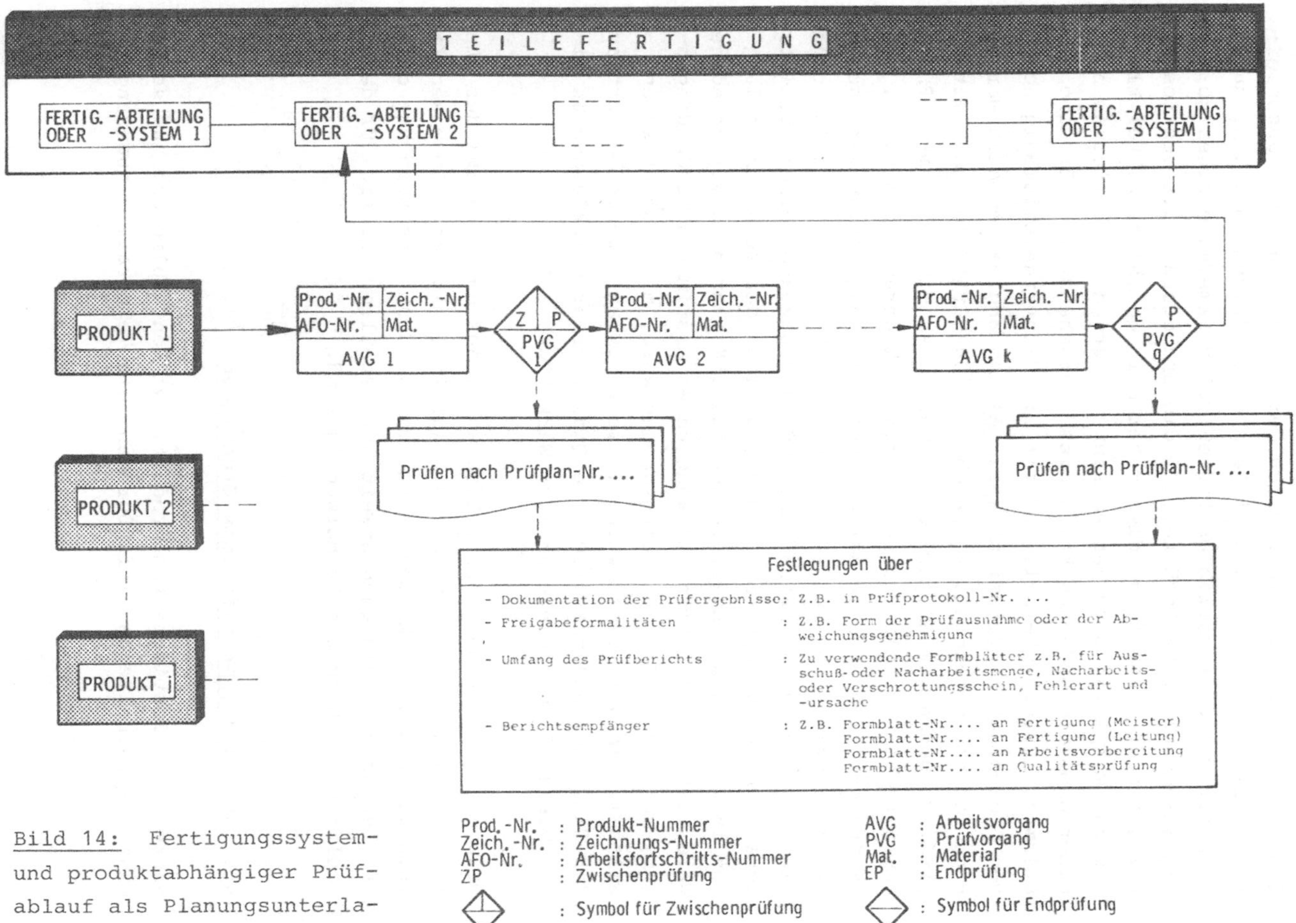

Bild 14: Fertigungssystem- und produktabhängiger Prüfablauf als Planungsunterlage und zur Dokumentation

6 Bestimmen der Prüfmerkmale und Prüfhäufigkeiten

Statistische Methoden zum Bestimmen der Prüfhäufigkeit für die Qualitätsprüfung sind im Bereich der Großserien- und Massenfertigung bekannt. Dabei wird mittels einer Stichprobe, d.h. durch attributives oder variables Prüfen von Merkmalen einiger zufällig ausgewählter Werkstücke, auf die Grundgesamtheit des Loses bezüglich der Ausprägung dieser Merkmale geschlossen. Bei kleinen und mittleren Stückzahlen kann, aufgrund der Forderung nach einer großen Grundgesamtheit, diese Vorgehensweise für eine bestimmte Aussagesicherheit nur mit einem unverhältnismäßig hohen prozentualen Prüfumfang (Bild A1, Anhang) angewendet werden. Hier finden, sofern nicht gleich mit 100%-Prüfungen gearbeitet wird, Vorgehensweisen Anwendung, bei denen ein bestimmter Prozentsatz vom Los als Beurteilungsmaßstab herangezogen wird. Diese prozentualen Anteile werden nach Erfahrungswerten vorgegeben, bedeuten jedoch gegenüber statistischen Verfahren im allgemeinen einen noch höheren Prüfaufwand und lassen zudem keinen statistischen Schluß zu. Faßt man jedoch, ähnlich der Zusammenstellung von Teilefamilien, entsprechende Qualitätsmerkmale verschiedener Werkstücktypen zusammen, so kann unter bestimmten Randbedingungen, auf die in Kap. 6.3 eingegangen wird, mit statistischen Hilfsmitteln gearbeitet werden. Diese Vorgehensweise basiert auf der Tatsache, daß entsprechende Qualitätsmerkmalsklassen an einer Vielzahl verschiedenartiger Werkstücke auftreten.

Da auch das Bestimmen der Prüfmerkmale aus der Vielzahl der Qualitätsmerkmale auf Faktoren zurückgreift, mit denen im wesentlichen die Prüfhäufigkeiten festgelegt werden, sind zunächst die statistischen Grundlagen soweit darzustellen, wie sie für den vorliegenden Sachverhalt notwendig sind.

6.1 Angewandte statistische Grundlagen

Während des Fertigens von Produkten wirken zahlreiche und selten ganz auszuschaltende Einflußgrößen, wie Temperaturschwankungen,

Materialinhomogenitäten, Maschinenschwingungen, die in ihrer Gesamtheit zu Abweichungen am Erzeugnis führen. Die Folge davon ist eine Streuung der Merkmalswerte um ihre Sollwerte. Das Auftreten dieser zufallsbedingten Streuung läßt sich als Wahrscheinlichkeitsverteilung darstellen. In der spanabhebenden Fertigung treten dabei sehr häufig symmetrisch-eingipflige Verteilungen auf, die sich aus der überlagerten Wirkung vieler Einflüsse resultierend mit guter Näherung als "normalverteilt" behandeln lassen /20/. Diese Normalverteilung mit den Parametern μ und σ hat etwa die Form einer um μ symmetrischen Glockenkurve. Der Mittelwert (Erwartungswert) μ gibt die Lage der Verteilung auf der Abszisse an, die Standardabweichung σ bestimmt die Form. Je stärker die Merkmalswerte streuen, desto größer ist σ und um so flacher verläuft die Normalverteilung. Bei einer gegebenen oder durch eine Häufigkeitsverteilung geschätzten Wahrscheinlichkeitsverteilung wird ein begrenzter ein- oder zweiseitiger Bereich angegeben, in dem ein bestimmter Anteil der Werte liegt. Dieser Teil wird Zufallsbereich bei vorgegebener statistischer Sicherheit oder Zufallsstreubereich mit Streugrenzen /40/ genannt. Je enger die Streugrenzen um den Mittelwert gewählt werden, desto größer ist die Aussageschärfe, aber desto geringer wird die Aussagewahrscheinlichkeit. Eine 100%ige Aussage ist vollkommen unscharf, da die Streugrenzen im Unendlichen liegen.

Aufgrund dieser Streuung können bei fertigungstechnischen Prozessen die angegebenen Sollwerte nur schwer eingehalten werden und sind deshalb mit entsprechenden Toleranzen zu versehen. Dieser Toleranzbereich ist im Zusammenhang mit der Standardabweichung zu sehen, wobei sich für bestimmte Verhältnisse von Toleranz und Streuung entsprechende Fehlerprozentsätze einstellen werden (Bild 15, Streuung $\sigma = f(t)$).

Während der Fertigung wird angestrebt, daß bei den jeweiligen Qualitätsmerkmalen sowohl der Mittelwert, der oft auf den Sollwert eingestellt wird, als auch die Streuung nicht von den vorgegebenen Werten abweichen. Da jedoch nicht nur zufällige Ereignisse den Bearbeitungsprozeß beeinflussen, kann sich eine syste-

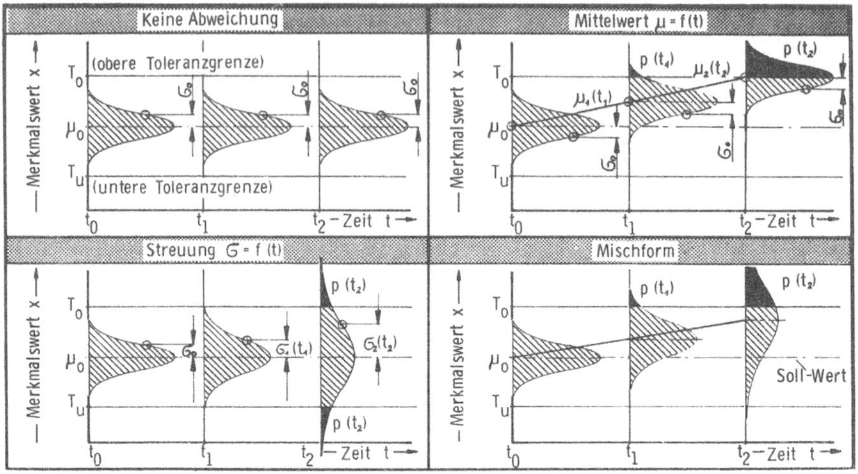

<u>Bild 15</u>: Abweichungsformen von Merkmalsparametern

matische Verlagerung des Mittelwertes, z.B. aufgrund der Werkzeugabnutzung, einstellen. Dieser Vorgang wird als Bearbeitungstrend bezeichnet. Zusätzlich und dieser Abweichung meist überlagert, kann eine Veränderung der Streuung auftreten. Dieser Fall kommt aber in der spanenden Fertigungstechnik im Vergleich zur zeitabhängigen Verlagerung des Mittelwertes $\mu = f(t)$ (Bild 15) selten vor /23/. Wird von einem beherrschten Fertigungsprozeß gesprochen, so sind damit die Fälle gemeint, bei denen sich mittlere Lage und Streuung der Merkmalswerte nicht oder nur in bekannter Weise ändern. Dies ist wiederum Voraussetzung für das Einsetzen statistischer Methoden zur Qualitätsprüfung. Kann man davon ausgehen, daß sowohl Mittelwert als auch Streuung sich während des Fertigens in bestimmten Grenzen halten, so genügt es, die Qualität mittels einer Fertigungsendprüfung zu sichern. Liegen dagegen stärkere systematische Abweichungen in Form einer zeitlichen Veränderung des Mittelwertes vor, so sind in bestimmten Intervallen Fertigungszwischenprüfungen vorzusehen.

Man erkennt aus Bild 15 ferner, daß mit bekannter Streuung ein Wert für die Grenze des Arbeitspunkts AP (entspricht im Bild dem Mittelwert μ) errechnet werden kann, bei dem höchstens ein bestimmter, vorzugebender Fehlerprozentsatz über bzw. unter der Toleranzgrenze liegt. Diese Fehlerrate ließe sich für den Fall der oberen Toleranzüberschreitung nach folgender Gleichung berechnen /41/:

$$p_{zulo} = \frac{1}{\sqrt{2\pi\sigma^2}} \int_{T_o}^{\infty} e^{-\frac{(x-\mu_{zulo})^2}{2\sigma^2}} dx \qquad (1)$$

Da dieses Integral jedoch elementar nicht lösbar ist, bedient man sich der normierten Normalverteilung, die den Erwartungswert $\mu = 0$ und die Streuung $\sigma = 1$ aufweist. Sie wird kurz mit N(0,1)-Verteilung bezeichnet. Das Berechnen dieser Verteilung erfolgt dann über die Transformation

$$z = \frac{x - \mu}{\sigma} \qquad (2)$$

mit z als standardisierter Zufallsvariablen, wobei die Verteilungsfunktion Φ (z) tabelliert vorliegt (z.B. /42/). Da die Gesamtfläche unterhalb jeder Dichtefunktion gleich Eins ist, ergibt sich für die Verteilungsfunktion bis zur Grenze T_o der Wert:

$$\Phi(z_o) = (1 - p_{zul}), \Rightarrow z_o. \qquad (3)$$

Für den Klammerausdruck findet sich in der genannten Tabelle die Lösung der N(0,1)-Verteilung. Das Rücktransformieren aus (2) und Umformen nach μ_{zulo} erfolgt nach:

$$z_o = \frac{T_o - \mu_{zulo}}{\sigma}, \quad \text{wobei} \qquad (4)$$

$$\mu_{zulo} = T_o - z_o \cdot \sigma \qquad (4')$$

den Wert für den oberen Arbeitspunkt darstellt, bei dem der Prozeß nachgestellt werden müßte. Dieselbe Vorgehensweise gilt für den unteren Arbeitspunkt AP = μ_{zulu}:

$$z_u = \frac{\mu_{zulu} - T_u}{\sigma} \quad (5)$$

$$\mu_{zulu} = T_u + z_u \cdot \sigma \quad (5').$$

Der Zeitpunkt des steuernden bzw. regelnden Eingreifens (Werkzeugnachstellzeit t_n) ließe sich dann aus der Beziehung

$$t_n = \frac{\Delta AP}{m_1} \quad \text{mit } \Delta AP = \mu_{zulo} - \mu_{zulu} \quad (6)$$

errechnen. Allerdings muß hier die linear angenommene Steigung m_1 aufgrund der Ergebnisse vergangener Fertigungsperioden bzw. aus Standzeitwerten des Werkzeugs abgeschätzt werden.

Wie jedoch bereits erwähnt, läßt sich hinsichtlich der mehr oder weniger umfangreichen Stichprobengröße, die zum Beurteilen der Grundgesamtheit herangezogen wird, nur mit einer bestimmten statistischen Sicherheit aussagen, daß das Vertrauensintervall den Parameter der Grundgesamtheit enthält. Aus diesem Grund werden bei Fertigungszwischenprüfungen Eingriffsgrenzen für die Qualitätsregelkarten berechnet, die für einen bestimmten Fehleranteil eine gewisse Eingriffswahrscheinlichkeit in den Fertigungsprozeß garantieren. Diese Eingriffsgrenzen engen die Verschiebung des Arbeitspunkts entsprechend ein.

Bei Fertigungsendprüfungen wird ein entsprechendes Annahmekriterium ermittelt, mit dem bei bestimmten Fehleranteilen p_α und p_β ein Werkstücklos mit den Wahrscheinlichkeiten W_α bzw. W_β angenommen oder zurückgewiesen wird (s. Kap. 6.3.3).

6.2 Festlegen der Prüfmerkmale

Geht man davon aus, daß alle in einer Konstruktionszeichnung angegebenen Merkmalsausprägungen, d.h alle dafür notwendigen Bearbeitungsschritte Qualitätsmerkmale erzeugen, so muß aus wirtschaftlichen Gründen festgestellt werden, welche dieser Merkmale überhaupt zu prüfen sind.

6.2.1 Allgemeine Kriterien

Die Entscheidung, ob ein Qualitätsmerkmal zu prüfen ist (Prüfnotwendigkeit eines Merkmals), hängt von verschiedenen Kriterien ab, von denen die wichtigsten in Bild 16 zusammengefaßt sind.

BINDENDE RICHTLINIEN	FEHLERART UND FEHLERFOLGE	MATERIAL UND FERTIGUNGS-VERFAHREN	KOSTEN
- Gesetzliche Vorschriften - Vertragliche Vereinbarungen - Innerbetriebliche Richtlinien	- Funktion des Merkmals - Toleranz des Merkmals - Fehlerklasse des Merkmals	- Bearbeitungs-unsicherheit der Fertigungseinrichtung - Standzeit bzw. Verschleiß des Werkzeugs	- Wert des Werkstücks - Kosten zum Prüfen des Merkmals - Fehlerkosten

Bild 16: Gründe für die Entscheidung der Prüfnotwendigkeit

Zum einen sind hier bindende Richtlinien zu nennen, die aufgrund der damit verbundenen Dokumentationspflicht der Prüfergebnisse, das Entscheiden über eine Prüfnotwendigkeit erübrigt. Zum andern spielen Kriterien wie Fehlerart oder Kosten insofern eine Rolle, daß, unter Berücksichtigung des Zusammenwirkens mit anderen Faktoren, ein Prüfen des Merkmals oft notwendig ist. Ein Merkmal mit z.B. einer Hauptfunktion wird in den meisten Fällen eng toleriert sein und eine unzulässige Abweichung wird eine spürbare Beeinträchtigung der Gesamtfunktion zur Folge haben, sowie hohe Fehlerfolgekosten mit sich bringen. Liegt ein beherrschter Fertigungsprozeß /43/ vor und sind die dabei auftretenden Merkmalsstreuungen hinreichend bekannt und klein, so kann in der Regel auf ein 100%-Prüfen des Merkmals verzichtet werden. Eine allgemeine Prüfnotwendigkeit in Form von Stichprobenprüfungen ist jedoch gegeben.

6.2.2 Beispiel einer Vorgehensweise

Um die Wichtigkeit eines Merkmals zu beschreiben, d.h. seine Funktion und daraus resultierende Folgen bei Nichteinhalten der Merkmalsausprägung auszudrücken, kann ihm eine Fehlerklasse zugeordnet werden. Diesen Fehlerklassen entsprechen Fehlerarten, wie sie z.B. nach /44/ vorgeschlagen werden:

- Kritische Fehler	(Beeinträchtigung von Menschenleben; Herbeiführen großer Sachschäden).
- Hauptfehler A	(vollständige Beeinträchtigung der Brauchbarkeit).
- Hauptfehler B	(teilweise Beeinträchtigung der Brauchbarkeit).
- Nebenfehler A	(Beeinträchtigung der Brauchbarkeit in geringem Umfang).
- Nebenfehler B	(keine Beeinträchtigung der Brauchbarkeit).

Da in vielen Fällen eine Zuordnung der Merkmale zu den Fehlerklassen nicht explizit vorliegt, kann in einer Näherung die Toleranz des Merkmals als Klassifizierungshilfe herangezogen werden (s. Kap. 6.3.1.2). Diese Vorgehensweise deckt sich mit Praxisbeispielen aus der Industrie.

Betrachtet man ferner die Bearbeitungsunsicherheit einer Fertigungseinrichtung oder eines -systems als Sammelparameter für "Material und Fertigungsverfahren", so kann das Bestimmen der Prüfnotwendigkeit bzw. das Festlegen der Prüfmerkmale beispielsweise mit den Faktoren Fehlerklasse FK, Merkmalstoleranz T und Bearbeitungsunsicherheit BU ($\hat{=}$ 6-fache Standardabweichung σ)

erfolgen. Das Verhältnis von T/σ ist ohnehin für die Entscheidungen einer Überwachung oder Regelung von Qualitätsmerkmalen von ausschlaggebender Bedeutung.

Bild 17 zeigt beispielhaft einen qualitativen Zusammenhang zwischen Bearbeitungskennzahl und Fehlerklasse. Die eingezeichnete Grenze zwischen "Prüfnotwendigkeit" und "keine Prüfnotwendigkeit" spiegelt dabei Erfahrungswerte aus verschiedenen Industriebetrieben wider.

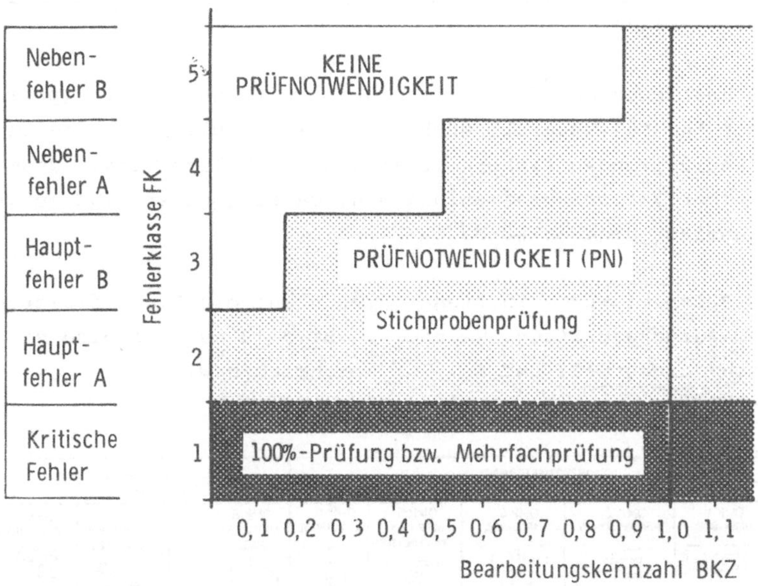

$$\text{BKZ} = \frac{\text{Bearbeitungsunsicherheit (BU)}}{\text{Merkmalstoleranz (T)}}$$

Bearbeitungsunsicherheit (BU) = 6fache Standardabweichung

Bild 17: Beispiel zum Festlegen der Prüfnotwendigkeit

Diese Vorgehensweise schränkt eine oft vertretene allgemeine Forderung, wonach die Toleranz ein Zwölffaches der Standardabweichung (T/σ = 12 /43/ oder BU/T = 0,5) betragen soll, dahingehend etwas ein, daß zum Sicherstellen der Produktqualität je nach Fehlergewicht und Bearbeitungskennzahl keine Prüfung bzw. Stichproben-, 100%- oder sogar Mehrfachprüfungen vorzunehmen sind. Für Stichprobenprüfungen muß außerdem bei sinkender Fehlerklasse FK und steigendem Verhältnis BU/T eine Verschärfung der Prüfung, d.h. eine erhöhte Prüfhäufigkeit vorgeschrieben werden.

6.2.2.1 Anwendbares Klassifizierungssystem für Qualitätsmerkmale

Das Festlegen der Prüfnotwendigkeit erfolgt im Prinzip zwar für jedes Merkmal separat, doch ist es im Hinblick auf die verwendete Bearbeitungsunsicherheit sinnvoll, ähnliche Qualitätsmerkmale in einer Klasse zusammenzufassen, da sich sonst eine zu große Datenmenge ergeben würde.

Als Beispiel wurde in dieser Arbeit auf ein Klassifizierungssystem zurückgegriffen, welches in Bild 18 auszugsweise schematisch dargestellt und in /16/ beschrieben wird.

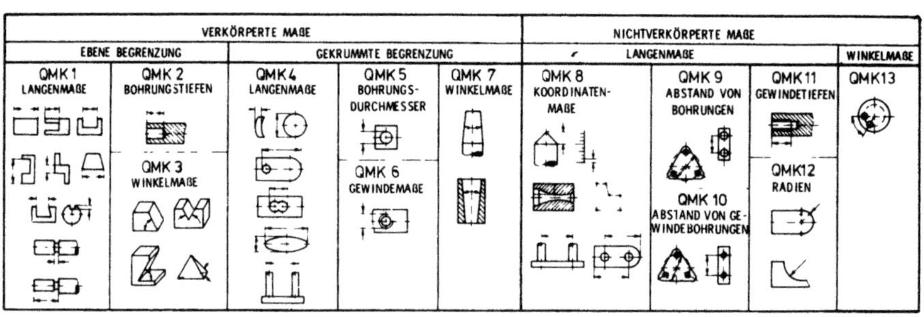

Bild 18: Auszug des Ordnungs- und Klassifizierungssystems für Qualitätsmerkmale der Längenmeßtechnik /16/

Es entstand aus einer Synthese bereits bekannter Systeme und beinhaltet als prinzipiellen Unterschied "verkörperte" und "nichtverkörperte" Maße. Verkörperte Maße sind direkt durch mechanisches, optisches, induktives oder pneumatisches Antasten am Werkstück erfaßbar. Nichtverkörperte Maße können dagegen nur indirekt über den Umweg des Messens von verkörperten Maßen und einer anschließenden Rechnung ermittelt werden (z.B. Koordinatenmaße). Dieser Sachverhalt kommt besonders hinsichtlich der Prüfzeiten als Prüfmittelauswahlkriterium zum Tragen.

6.2.2.2 Ermitteln der Bearbeitungsunsicherheit

Die Abweichungen von der Soll-Geometrie der Produkte durch den Fertigungsprozeß werden i.a. als Fertigungsunsicherheit bezeichnet. Dazu gehören Unsicherheiten beim Urformen, Umformen, Trennen, Fügen, Beschichten und Stoffeigenschaftändern. Im allgemeinen Sprachgebrauch wird beim Umformen und Trennen auch von der Bearbeitungsunsicherheit und beim Fügen von der Montageunsicherheit gesprochen. Die Bearbeitungsunsicherheit entspricht dabei, wie im vorigen Kapitel bereits erwähnt, der sechsfachen Standardabweichung. Sie enthält die Summe aller maschinenbedingten und nicht maschinenbedingten Unsicherheiten (Bild 19), wobei erkennbare systematische Abweichungen kompensiert und nicht erkennbare als zufällige Abweichungen betrachtet werden müssen. Maschinenbedingt sind alle Einflüsse, die auf das Arbeitssystem einwirken wie:

- Geometrieabweichungen der Maschine selbst,
- dynamische und statische Steifigkeit,
- Wärmeabgabe eigener Aggregate.

Die Positionsstreuung stellt die zweite Ursache maschinenbedingter zufälliger Abweichungen dar.

Zu nicht maschinenbedingten Einflüssen zählen Faktoren wie:

- Mensch mit persönlichen Fähigkeiten und Empfindlichkeiten auf

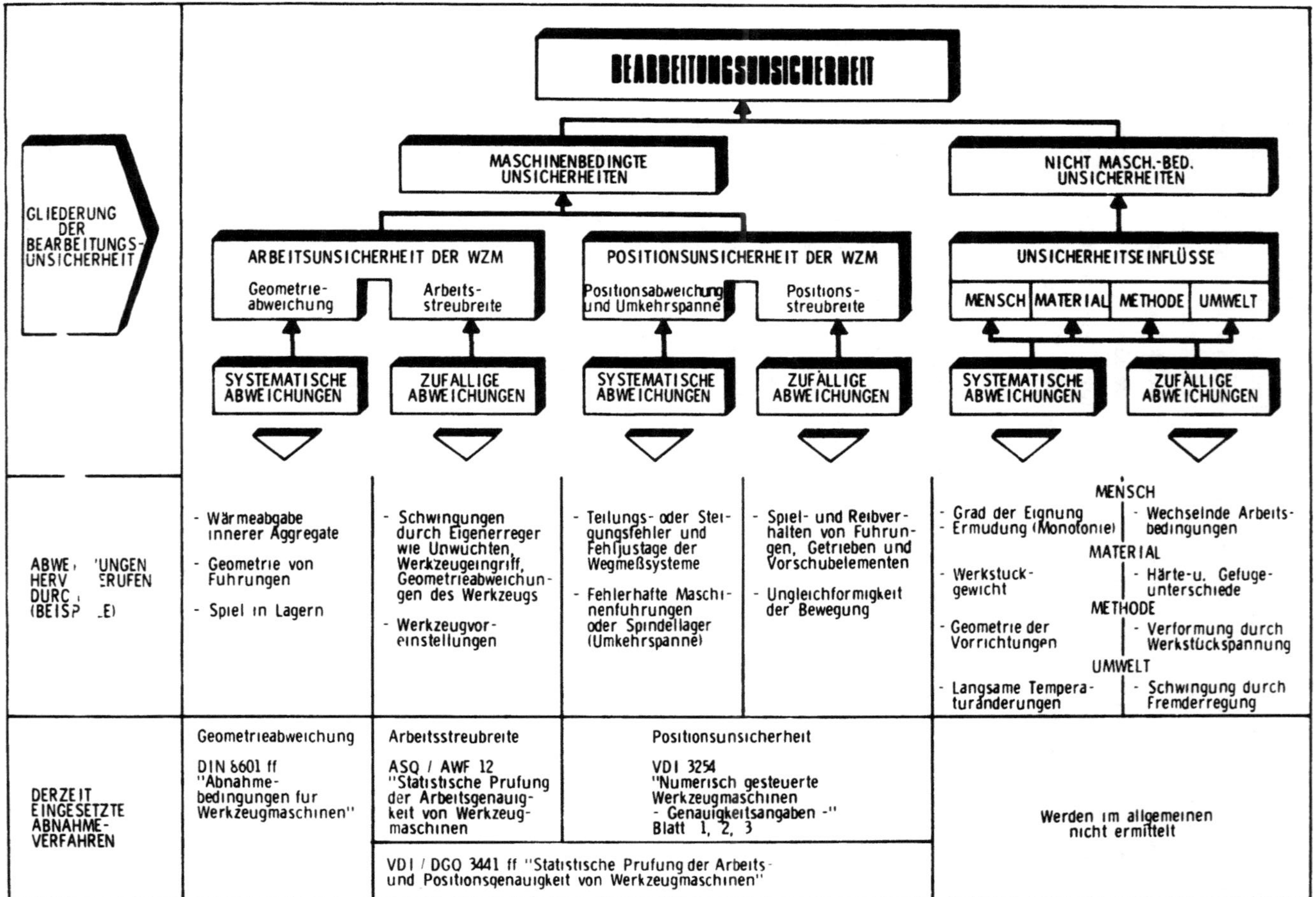

Bild 19: Faktoren zur Bearbeitungsunsicherheit in der spanenden Fertigung

Arbeits- und Umweltbedingungen,
- Material, d.h. Gestalt und Werkstoff des Werkstücks,
- Methode, dargestellt durch die Planung des Fertigungsablaufs mit Einsatz von Werkzeugen, Spann- und Kühlmitteln,
- Umwelt mit Einwirkungen durch Temperaturschwankungen, Erschütterungen usw..

Derzeit eingesetzte Abnahme- und Prüfverfahren für Werkzeugmaschinen der spanenden Fertigung beziehen sich ausschließlich getrennt auf Geometrie-, Arbeits- und Positionsunsicherheiten /45/ (Bild 19). Zusätzlich werden Probewerkstücke für verschiedene Bearbeitungsverfahren zum Bestimmen der Arbeitsstreubreite vorgeschlagen /46/, die jedoch nur für einzelne Qualitätsmerkmale wie "Außendurchmesser" oder "Bohrungsabstand" vorgesehen sind.

Für die Klein- und Mittelserienfertigung würde das aber das Verwenden sehr vieler einzelner Probewerkstücke voraussetzen. Analysiert man deshalb das zu erwartende bzw. zu fertigende Werkstückspektrum hinsichtlich vorkommender Qualitätsmerkmale, so können ein spezielles, alle Merkmale umfassendes Probewerkstück konzipiert sowie Fertigungsversuche zum Ermitteln der Bearbeitungsunsicherheit durchgeführt werden.

Diese Vorgehensweise wird man jedoch nur bei neuen Fertigungseinrichtungen oder -systemen anwenden, da sie noch immer recht aufwendig ist. Einfacher läßt sich die Bearbeitungsunsicherheit aus Prüfergebnissen vergangener Fertigungsperioden ermitteln. Voraussetzung dafür ist eine variable Prüfung und eine nach Qualitätsmerkmalsklassen, Werkstoffen sowie Maschinen- bzw. Maschinengruppennummern geordnete Prüfdatendokumentation. Die Standardabweichung σ beinhaltet dann auch die in diesem Zeitraum aufgetretenen nicht maschinenbedingten Unsicherheiten.

6.3 Festlegen der Prüfhäufigkeit für Fertigungsendprüfungen

Aufgrund der Tatsache, daß Fertigungszwischenprüfungen in der

Klein- und Mittelserienfertigung nur in eingeschränktem Maße anwendbar sind, wird die erarbeitete, modifizierte statistische Vorgehensweise nur am Beispiel der Fertigungsendprüfung aufgezeigt. Prinzipiell ist sie jedoch auch auf Verfahren mit Qualitätsregelkarten anzuwenden.

Auch die Anzahl der betrachteten Qualitätsmerkmalsklassen wurden auf den A- und B-Bereich einer durchgeführten ABC-Analyse prismatischer Werkstücke beschränkt (Bild 20).

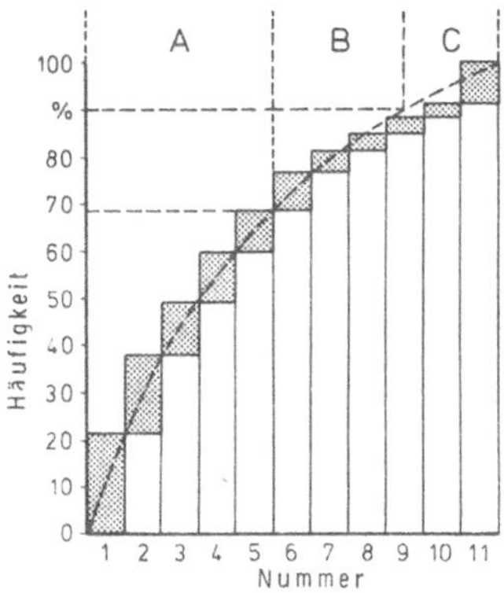

Nr.	Qualitätsmerkmalsklassen	Häufigkeit in %	Häufigk.-Summe in %
1	Bohrungsdurchmesser, (QMK 5)	21,5	21,5
2	Koordinatenmaße, (QMK 8)	16,5	38,0
3	Abstand von Bohrungen, (QMK 9)	11,2	49,2
4	Längenmaße (ebene Begrenz.), (QMK 1)	10,7	59,9
5	Gewindemaße, (QMK 6)	8,5	68,4
6	Bohrungstiefen, (QMK 2)	7,7	76,1
7	Abstand von Gewindebohrungen, (QMK 10)	5,1	81,2
8	Gewindetiefen, (QMK 11)	3,6	84,8
9	Nichtverkörperte Winkelmaße, (QMK 13)	3,2	88,0
10	Verkörperte Winkelmaße (ebene Begrenzung), (QMK 3)	3,1	91,1
11	Sonstige Maße auf weitere 18 Qualitätsmerkmalsklassen verteilt	8,9	100,0

Bild 20: ABC-Analyse der Qualitätsmerkmalsklassenhäufigkeit an prismatischen Werkstücken

Dies hängt zum einen damit zusammen, daß auch die Häufigkeit des Vorkommens der Merkmale an den Werkstücken in etwa dieser Reihenfolge entspricht. Zum andern lassen sich im Bereich C Qualitätsmerkmalsklassen, wie die für Form- und Lagemaße, nicht ohne weiteres mit in die Vorgehensweise einbeziehen, da sie der Forderung einer Normalverteilung ihrer Ausprägungen nicht genügen. Hier muß nach wie vor aus Erfahrung ein Mengengerüst bezüglich dieser Häufigkeiten definiert werden.

6.3.1 Bilden der Qualitätsmerkmalsfamilien

Wie eingangs des Kapitels 6 bereits erwähnt, muß für eine statistische Vorgehensweise bei kleinen Serien eine andere, nicht werkstückgebundene Betrachtungsweise gefunden werden, da Stichprobenprüfungen bei geringen Losgrößen weniger Aussagekraft haben bzw.einen wesentlich größeren prozentualen Prüfumfang bedeuten (Bild A1, Anhang).

Die Analyse von 65 fertigungsähnlichen, nicht rotationssymmetrischen, NC-bearbeiteten Werkstücken verschiedener Industriebetriebe ergab, daß, unter Verwendung der Qualitätsmerkmalsklassen (Bild 20) z.B. an allen Teilen (100 %) das Merkmal "Bohrungsdurchmesser", an 90 % der Werkstücke "Längenmaße mit ebener Begrenzung", zu 85% "Abstand von Bohrungen" usw. auftritt.

Diese Aussage führt zu der Überlegung, an einem zu bearbeitenden Werkstückspektrum nicht alle Qualitätsmerkmale eines bestimmten Werkstücks, sondern ein bestimmtes Merkmal, das an mehreren Werkstücken auftritt, zu betrachten. Bild 21 verdeutlicht das Prinzip dieser Vorgehensweise.

Am beispielhaft angenommenen, einfachen Werkstückspektrum kommt das Qualitätsmerkmal "Längenmaße mit ebener Begrenzung" überall und sogar mehrfach vor. Nach der auftragsbezogenen Methode sind dann z.B. beim Auftrag A1 drei Merkmale mit je N=30 zum Bestimmen des Stichprobenumfangs heranzuziehen. Diese Vorgehensweise bedeutet, daß nach Bild A1 (Anhang) beim Auftrag A1 fünfzehn, beim Auftrag A2 fünfunddreißig, beim Auftrag A3 zweiundvierzig und beim Auftrag A4 sechzig (Summe A1...A4 = 152) Prüfungen durchzuführen sind. Berücksichtigt man bei der merkmalsbezogenen Betrachtungsweise die zum Teil unterschiedlichen Toleranzen, indem man sie entsprechenden Toleranzklassen zuordnet, so ergeben sich im Vergleich nur 95 Prüfungen (TK1: N=150, n=15; TK3: N=400, n=25; TK4: N=310, n=25; TK5: N=280, n=20; TK6: N=100, n=10). Dieses Verhältnis wird sich noch weiter zugunsten letzterer Methode verschieben, wenn aufgrund später zu erläuternder

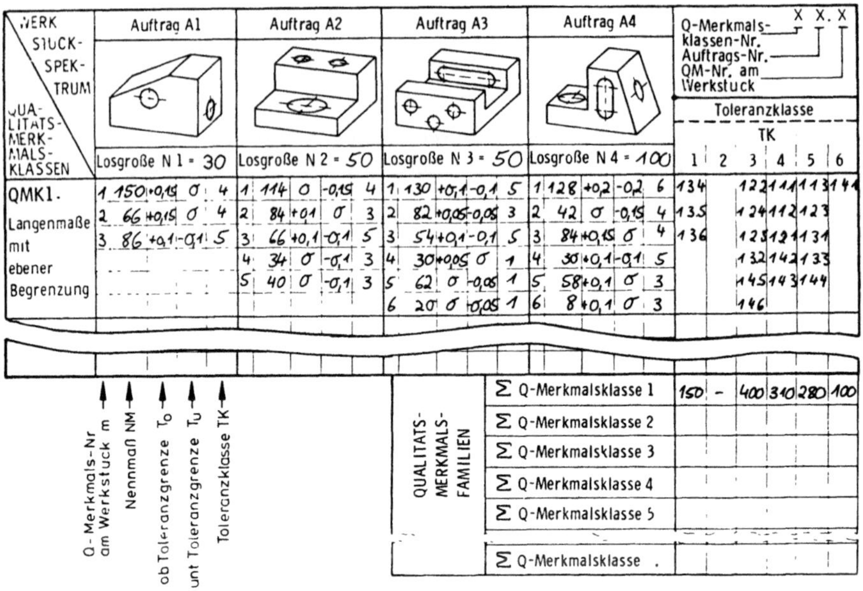

Bild 21: Vorgehensweise zum Bilden der Qualitätsmerkmals-familien

Qualitätslagen weitere Zusammenfassungen möglich sind.

6.3.1.1 Einschränkende Randbedingungen

Voraussetzung für diese Vorgehensweise sind folgende Punkte, die anschließend näher betrachtet werden:

- Angenähert normalverteilte Fertigung der Merkmalswerte,
- fertigungsähnliche Werkstücke,
- näherungsweise gleiche und vernachlässigbare Nennmaßabhängigkeit der Bearbeitungsunsicherheit für die einzelnen Qualitätsmerkmale innerhalb einer Klasse sowie
- funktionaler Zusammenhang zwischen Toleranz eines Merkmals und seiner Wichtigkeit.

Wie schon erwähnt, treten in der spanabhebenden Fertigung, sofern sie unter angenähert gleichen Bedingungen abläuft, meist eingipflige Merkmalsverteilungen auf, die in etwa symmetrisch sind und als normalverteilt angesehen werden können. Links- oder rechtssteile Verteilungen lassen sich durch geeignete Transformationen in eine angenäherte Normalverteilung überführen.

Um die angedeutete Vorgehensweise sinnvoll durchführen zu können, müssen die Werkstücke dahingehend gestaltsähnlich sein, daß es sich z.B. entweder nur um prismatische oder nur um rotationssymmetrische Teile handelt. Ebenso sollen daran gleichartige Fertigungsoperationen wie Fräsen, Bohren oder Ausdrehen vorgenommen werden. Diese Forderungen sind im allgemeinen schon deshalb leicht einzuhalten, da im Hinblick auf einen hohen Umrüstaufwand keine zu unterschiedlichen Werkstückvarianten im Fertigungssystem bearbeitet werden.

Das Problem der unterschiedlichen Bearbeitungsmöglichkeiten des gleichen Merkmals, z.B. "Bohrungsdurchmesser" (QMK 5) durch Bohren, Senken, Reiben oder Ausdrehen ist dahingehend eingeschränkt, daß prinzipiell zwischen Schrupp- und Schlichtarbeitsgängen unterschieden werden muß. Schruppoperationen werden i.a. aber nur dann eingesetzt, wenn in nachfolgenden Arbeitsgängen noch feinbearbeitet wird oder die Qualitätsmerkmale eine untergeordnete Bedeutung haben und somit nicht geprüft werden müssen. Die anzugebenden Bearbeitungsunsicherheiten beziehen sich somit auf das bestmögliche Arbeitsergebnis einer Maschine bzw. einer Maschinengruppe.

Das Verwenden der genannten Qualitätsmerkmalsklassifizierung führt dazu, daß jeweils ähnliche Prüfaufgaben zusammengefaßt werden. Ein zu detailliertes Ordnungssystem würde einerseits jedoch das Bilden von Qualitätsmerkmalsfamilien und das Ermitteln der Bearbeitungsunsicherheiten erschweren. Eine zu grobe Einteilung gewährleistet andererseits nicht, daß die Bearbeitungsunsicherheit für alle Varianten einer Merkmalsklasse etwa gleichgesetzt werden kann. Diese Unsicherheit kann im übrigen, sofern keine konkreten Fälle für große Unterschiede bei verschiedenen Nennmaßen und Verfahren bekannt sind, als konstant angenommen werden. Bei kleinen Differenzen ist ansonsten der Maximalwert der Bearbeitungsunsicherheit zum Planen heranzuziehen.

6.3.1.2 Zuordnung der Toleranzen zu Toleranz- und Fehlerklassen

Nach DIN 7151 /47/ sind für Qualitätsmerkmale mit Abmessungen bis ca. 300 mm und die Toleranzbereiche IT 6...IT 14 rund 90 Grundtoleranzen möglich. Ebenso wie der erwähnte Zusammenhang zwischen Toleranz und Fehlerkategorie werden in der Industrie vorzugsweise nur einige wenige Toleranzwerte verwendet, wie z.B. ± 0,05 mm, ± 0,1 mm. Aus diesem Grund wurde zur effektiveren Datenverarbeitung das meist verwendete Toleranzfeld von ≦ 0,06 mm bis 0,2 mm und größer in sechs Toleranzklassen eingeteilt und beispielhaft den erwähnten fünf Fehlerklassen zugeordnet. In ähnlicher Weise wurde bei den Toleranzen für Winkelmaße verfahren (Bild 22).

Beide, die Klasseneinteilung und deren Zuordnung, stellen einen Vorschlag aufgrund von Erfahrungswerten dar. Sie lassen sich natürlich in anderen Fällen den jeweiligen Gegebenheiten anpassen.

6.3.1.3 Vergleichbarkeit von Prüfergebnissen ähnlicher Qualitätsmerkmale

Werden Qualitätsmerkmale einer Klasse nach beschriebenem Beispiel (Bild 21) über verschiedene Werkstücktypen zusammengefaßt, so müssen später ermittelte Meßergebnisse an Stichproben miteinander vergleichbar und verarbeitbar sein. Sowohl bei Stichprobenplänen für Fertigungsendprüfungen als auch bei Qualitätsregelkarten für Fertigungszwischenprüfungen werden oft die Mittelwerte der Stichprobenergebnisse zur Beurteilung herangezogen. Um diese Mittelwertbildung für verschiedene Meßergebnisse hinsichtlich Nennmaß und Toleranzlage durchführen zu können, muß eine

TOLERANZ- UND FEHLERKLASSIFIZIERUNG FÜR WINKELMAßE

Länge des kürzeren Schenkels [mm]	Toleranz ['']					
SL > 150	≤ 30	> 30 ... 60	> 60 ... 84	> 84 ... 120	> 120 ... 180	> 180
SL > 80 ... 150	≤ 60	> 60 ... 120	> 120 ... 180	> 180 ... 240	> 240 ... 360	> 360
SL > 20 ... 80	≤ 120	> 120 ... 240	> 240 ... 300	> 300 ... 420	> 420 ... 660	> 660
SL ≤ 20	≤ 420	> 420 ... 900	> 900 ... 1260	> 1260 ... 1800	> 1800 ... 2700	> 2700
Toleranzklasse	TK 1	TK 2	TK 3	TK 4	TK 5	TK 6
Fehlerklasse	FK 1	FK 2	FK 3	FK 3	FK 4	FK 5

TOLERANZ- UND FEHLERKLASSIFIZIERUNG FÜR LÄNGENMAßE

Toleranz [µm]	≦ 60	>60 ... 80	>80 ... 100	>100 ... 150	>150 ... 200	> 200
Toleranzklasse	TK 1	TK 2	TK 3	TK 4	TK 5	TK 6
Fehlerklasse	FK 1	FK 2	FK 3	FK 3	FK 4	FK 5

Bild 22: Zuordnung von Toleranzbereichen zu Toleranz- und Fehlerklassen

gleiche Bezugsgröße definiert werden, die beispielsweise durch eine Transformation der einzelnen Meßwerte mit der unteren Toleranzgrenze zu

$$x_i^* = x_i - T_{ui} \quad (7)$$

erfolgen kann. Die neuen Werte x_i^* entsprechen dabei dann einfach einer positiven oder negativen Abweichung von der unteren Toleranzgrenze eines jeden Merkmals. Der Mittelwert dieser Abweichungen $\bar{x}^*$ ist dann dem der ursprünglichen Merkmalswerte $\bar{x}$ äquivalent.

6.3.2 Entscheidungsgrundlagen für variable Stichprobenpläne

Variable Stichprobenpläne zur Fertigungsendprüfung kommen gegenüber attributiven mit kleineren Prüfumfängen bei gleicher Aussagesicherheit aus, wobei die Annahme oder Ablehnung einer Grundgesamtheit davon abhängig gemacht wird, ob die Toleranzgrenzen der Merkmalsklasse inner- oder außerhalb eines bestimmten Bereichs liegen (Bild 23).

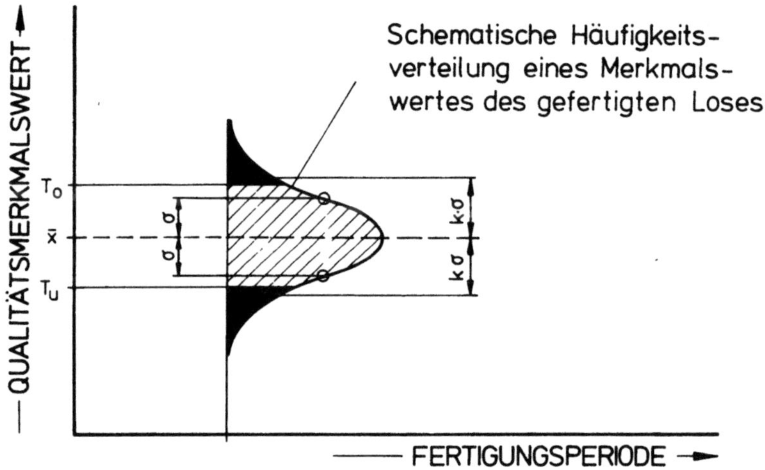

Bild 23: Entscheidungskriterium bei variablen Stichprobenplänen

Ein Los wird dann angenommen, wenn

$$T_o \geq \bar{x} + k \cdot \sigma \quad \underline{\text{und}} \quad T_u \leq \bar{x} - k \cdot \sigma \qquad (8) \text{ und } (9)$$

ist, wobei aus $\bar{x}$, k, σ, T_o und T_u der zu erwartende Ausschußanteil abgeschätzt werden kann. Der Annahmefaktor k hängt in diesem Fall vom Stichprobenumfang n und der statistischen Sicherheit der Annahme- bzw. Ablehnungsentscheidung ab.

Die Werte n und k können nun aus umfangreichen Tabellen, beispielsweise des MIL-STD 414, in Abhängigkeit der Losgröße und einer zu wählenden Qualitätsgrenzlage entnommen werden. Für einen notwendigen Rechnereinsatz, der sich aufgrund des zu erwartenden großen Datenmaterials abzeichnet, eignen sich jedoch besonders variable Stichprobenpläne nach STANGE /22/.

6.3.3 Operationscharakteristiken eines variablen Stichprobenplans

Nach dem Festlegen auf das Stichprobensystem "STANGE", das eine Vielzahl einzelner Stichprobenpläne enthält, muß für den jeweils erforderlichen Plan durch das Bestimmen eines ersten Prüfpunktes (annehmbare Qualitätsgrenzlage) und in Abhängigkeit davon, durch die Definition eines zweiten Prüfpunktes (rückzuweisende Qualitätsgrenzlage), die entsprechende Stichprobenanweisung ermittelt werden.

6.3.3.1 Kennlinien für zwei Prüfpunkte

Bild 24 zeigt Kennlinien eines Stichprobenplans, die durch den Prüfpunkt p_α = 1% und W_α = 95% bestimmt sind. Dieser Prüfpunkt bedeutet, daß Lose mit einem Fehleranteil p_α mit der Wahrscheinlichkeit W_α angenommen werden (p_α; W_α $\hat{=}$ AQL: annehmbare Qualitätsgrenzlage). Bei größeren Fehleranteilen sinkt die Annahmewahrscheinlichkeit je nach Stichprobengröße, von der aus auf die theoretisch unendlich große Grundgesamtheit geschlossen wird. Bei sehr großen Stichproben ($n>200$) nähert sich die Kennlinie der angedeuteten Rechteckfunktion, d.h. Lose mit einem Fehleranteil größer oder kleiner p_α werden 100%-ig abgelehnt oder angenommen.

Entgegen der losgrößenbezogenen tabellarischen Auswahl des Stichprobenumfangs beim MIL-STD 414, kann die Stichprobenanweisung hier aufgrund der Kennlinie mit einem zweiten, ebenfalls frei zu wählenden Prüfpunkt bestimmt werden und zwar mit der

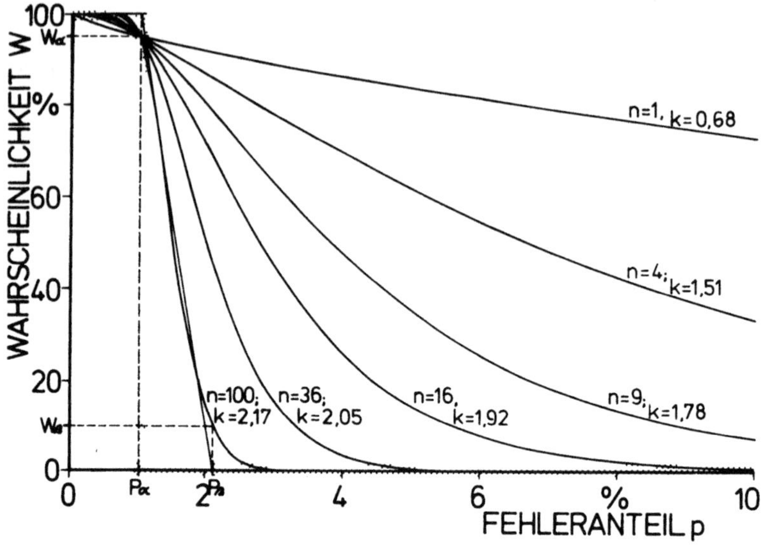

Wα = 95% (Annahmewahrscheinlichkeit)
Wβ = 10% (Rückweisewahrscheinlichkeit)
pα = 1% (Annehmbare Qualitätsgrenzlage AQL)
pβ = f(n) (Rückzuweisende Qualitätsgrenzlage LQ)
n = (Stichprobengröße)
k = (Annahmefaktor)

Bild 24: Kennlinien eines Variablenstichprobenplans

Rückweisewahrscheinlichkeit W_β beim Fehleranteil p_β (p_β; W_β ≙ LQ: rückzuweisende Qualitätsgrenzlage).

Diese beiden Prüfpunkte dienen auch zum Berechnen des bereits erwähnten Annahmekriteriums k, welches als Produkt mit der Standardabweichung sowohl mit der oberen als auch mit der unteren Toleranzgrenze verglichen werden muß. Voraussetzung für die Bestimmungsgleichung von n und k nach STANGE sind die Kenntnis des praktisch unveränderlichen Streuungsmaßes und ein Verhältnis von $T/\sigma \gtrless 6$:

Bestimmungsgleichung für n: $$n = \left[\frac{z_{W\alpha} + z_{W\beta}}{z_{p\alpha} - z_{p\beta}}\right]^2 \qquad (10)$$

Bestimmungsgleichung für k:

$$k = \frac{z_{W\beta} \cdot z_{p\alpha} + z_{W\alpha} \cdot z_{p\beta}}{z_{W\alpha} + z_{W\beta}} \qquad (11)$$

Die Wahrscheinlichkeiten W_α und W_β sowie die Fehleranteile p_α und p_β werden hier wieder dargestellt durch die standardisierten Zufallsvariablen z, die einer Normalverteilung mit $\mu = 0$ und $\sigma = 1$ folgen.

6.3.3.2 Auswahl der Prüfpunkte

Die Auswahl der annehmbaren und rückzuweisenden Qualitätsgrenzlagen erfolgt im Prinzip nach den jeweiligen Erfordernissen. Da diese Werte jedoch auch für andere Problemstellungen, z.B. in der Wareneingangsprüfung benötigt werden und somit Vereinbarungen zwischen Lieferanten und Empfänger unterliegen, werden aus Gründen der Vereinheitlichung verschiedene Angaben in bestimmten Grenzen gehalten. So gelten für die Annahmewahrscheinlichkeit W_α meist Werte zwischen 90% und 99% (üblicherweise 95%). Für die Rückweisewahrscheinlichkeit, sofern verwendet, wird oft der Wert W_β = 10% genommen.

Nach Empfehlungen der Deutschen Gesellschaft für Qualität (DGQ) /43/ können auf der Basis W_α = 95% folgende AQL-Werte vorzugsweise vorgeschrieben werden: 0,25%, 0,65%, 1,5%, 4,0% und 10%. Welche Daten schließlich für die jeweiligen Qualitätsmerkmale anzuwenden sind, hängt von verschiedenen Vorgehensweisen, z.B. einer reinen Fehlergewichtung ab. In der Praxis wird der AQL-Wert sogar vielfach aus Erfahrung und Intuition bestimmt, da es nicht möglich ist, die richtige Wahl in derselben Weise mathematisch nachzuprüfen oder zu begründen, wie die Stichprobe selbst. In dieser Arbeit wird schließlich auf der Grundlage des Verhältnisses von Toleranz und Bearbeitungsunsicherheit eines Merkmals sowie dessen Fehlerklasse, womit auch schon die Prüfnotwendigkeit bestimmt wurde, eine Zuordnung vorgeschlagen. Bild 25 zeigt das Beispiel zum Festlegen der annehmbaren Qualitätsgrenzlage,

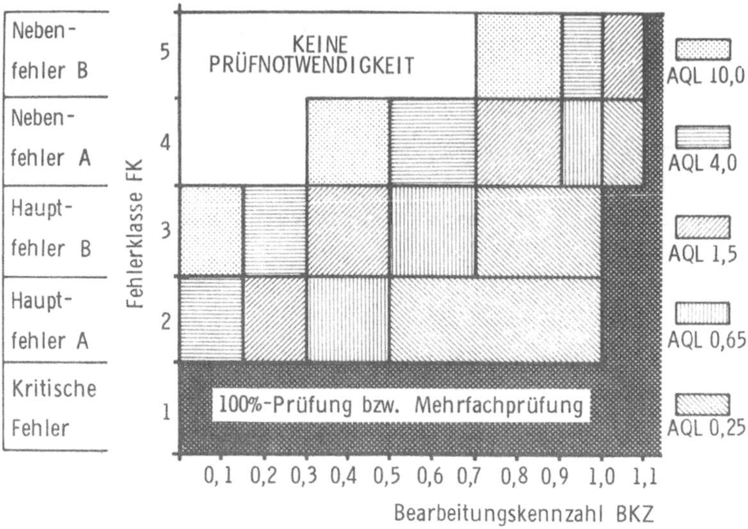

$$\text{BKZ} = \frac{\text{Bearbeitungsunsicherheit (BU)}}{\text{Merkmalstoleranz (T)}}$$

Bearbeitungsunsicherheit BU = 6fache Standardabweichung

Bild 25: Beispiel zum Festlegen der annehmbaren Qualitätsgrenzlage (AQL)

in dem sich Erfahrungswerte aus der Industrie widerspiegeln. Je nach Anwendungsfall können die Zahlenwerte natürlich variiert werden.

Für die Auswahl des zweiten Prüfpunktes (LQ-Wert) gibt es derzeit keine allgemeingültigen Aussagen. In dieser Arbeit wurde versucht, auf der Grundlage des Stichprobensystems nach STANGE sowohl der Forderung des MIL-STD 414 nach losgrößenabhängigen Stichprobenumfängen als auch der des Philips-Standard-Stichprobensystems nach niedrigen Stichprobenumfängen bei größeren AQL-Werten gerecht zu werden. Dazu mußten, entsprechend den dort angegebenen Werten von n, die jeweiligen LQ-Werte auf der Basis W_β = 10% rückgerechnet werden. Der so entstandene Stichprobenplan ist tabellarisch in Bild A2 (Anhang) aufgeführt. Beim Anwenden dieses Plans können somit bei vorgegebener Losgröße und ermitteltem AQL-Wert daraus die charakteristischen Werte n und k sowie $p_ß$ bei $W_ß$ = 10% entnommen werden.

6.4 Programmsystem zum rechnerunterstützten Ermitteln von Prüfmerkmalen und -häufigkeiten für die Fertigungsendprüfung

Entsprechend den seitherigen Ausführungen zur Prüfhäufigkeit wird nachfolgend das Rechenprogramm FENPRU zum Planen der Fertigungsendprüfung beschrieben und an realen Werkstückspektren untersucht.

6.4.1 Programmaufbau

Die Vorgehensweise zum statistischen Prüfen kleiner und mittlerer Werkstücklosgrößen erfordert eine Anzahl von Rechen- und Zuordnungsoperationen, deren Ablauf mit kurzen Bemerkungen in Bild 26 zusammengefaßt wurde. Der programmtechnische Ablauf mit diesen Schritten sowie den notwendigen Dateien ist in Bild 27 dargestellt. Zum besseren Verständnis werden die einzelnen Schritte am Beispiel eines einfachen Teilespektrums (Bild 21) erläutert, wobei dort bereits für ein Qualitätsmerkmal, ausgehend von den jeweiligen Losgrößen und vorkommenden Qualitätsmerkmalsklassen, das Bilden der Qualitätsmerkmalsfamilien beschrieben wurde. Zusätzlich liegt dem Beispiel der Einsatz von vier Fertigungseinrichtungen zugrunde, deren Bearbeitungsunsicherheiten in Bild 28 oben vorgegeben sind.

Mit den maximalen Bearbeitungsunsicherheiten sowie den Minimalwerten der Toleranzklassen je Merkmalsklasse, lassen sich über die Bearbeitungskennzahl BKZ und die Fehlerklassenzuordnung aus Bild 25 die AQL-Werte entnehmen (Bild 28 Mitte). Für das Qualitätsmerkmal "Längenmaße mit ebener Begrenzung" (QMK 1) ergeben

BEMERKUNGEN	RECHEN- UND ZUORDNUNGS- OPERATIONEN				
Anzahl der Werkstücke	$N_1 \cdot A_1$	$N_2 \cdot A_2$	$N_3 \cdot A_3$	.....	$N_v \cdot A_v$
Vorkommende Qualitätsmerkmalsklassen je Auftrag	$QMK_1(A_3)$	$QMK_2(A_3)$	$QMK_3(A_3)$	.....	$QMK_y(A_3)$
Einzelne Toleranzen (Toleranzklassen) und Fehlerklassen	$T \Rightarrow TK_1, FK_1$ ⋮ $T \Rightarrow TK_i, FK_j$	$T \Rightarrow TK_1, FK_1$ ⋮ $T \Rightarrow TK_i, FK_j$	$T \Rightarrow TK_1, FK_1$ ⋮ $T \Rightarrow TK_i, FK_j$	⋮ ⋮	$T \Rightarrow TK_1, FK_1$ ⋮ $T \Rightarrow TK_i, FK_j$
Auflisten der einzelnen Qualitätsmerkmalsklassen je Toleranzklasse	QMK_3: $A_1(1 \ldots m)$, $A_2(1 \ldots m)$, $A_3(1 \ldots m)$, ..., $A_v(1 \ldots m)$ $\Rightarrow \sum QMK_3$				
Mit Standardabweichung der einzelnen Qualitätsmerkmalsklassen den AQL-Wert festlegen und ordnen	$AQL = f(T/\sigma\ ;\ FK)$				
	$A_{1 \ldots v}^{(1 \ldots m)}$ $QMK_3(AQL_1)$	$A_{1 \ldots v}^{(1 \ldots m)}$ $QMK_3(AQL_2)$	$A_{1 \ldots v}^{(1 \ldots m)}$ $QMK_3(AQL_3)$	....	$A_{1 \ldots v}^{(1 \ldots m)}$ $QMK_3(AQL_r)$
Für Prüfaufgabenlosgrößen mittels LQ (von AQL-Wert abhängig) den Stichprobenumfang und das Annahmekriterium festlegen	$NPA_3(AQL_3) = \ldots\ldots\ ;\ LQ = f(AQL;NPA) \Longrightarrow nPA_3(AQL_3) \Longrightarrow kPA_3(AQL_3)$ $n = \left(\frac{z_{WAQL} + z_{WLQ}}{z_{pAQL} - z_{pLQ}}\right)^2 \ ;\ k = \frac{z_{WLQ} \cdot z_{pAQL} + z_{WAQL} \cdot z_{pLQ}}{z_{WAQL} + z_{WLQ}}$				
Mit Zufallszahlengenerator Stichproben auf Aufträge verteilen	$nPA_3(AQL_1) \ldots\ldots nPA_3(AQL_r) \Longrightarrow A_{1,1} \ldots A_{v,v}$				
PRÜFENTSCHEIDUNG: Normieren der Meßwerte und Bilden der Mittelwerte	$\bar{x}^*, nPA_1(AQL_1) \ldots\ldots\ldots \bar{x}, nPA_1(AQL_r)$ ⋮ $\bar{x}^*, nPA_y(AQL_1) \ldots\ldots\ldots \bar{x}, nPA_y(AQL_r)$ mit $x^* = x - T_u$				
Bilden der Prüfgrößen	$PG(PA_1, AQL_1) \ldots\ldots\ldots PG(PA_1, AQL_r)$ $PG(PA_y, AQL_1) \ldots\ldots\ldots PG(PA_y, AQL_r)$ mit $PG = kPA \cdot s(PA)$				
Vergleichen u. Entscheiden	$\bar{x}^*(PA, AQL) - PG(PA, AQL) \geq 0$ Annahme $\bar{x}^*(PA, AQL) + PG(PA, AQL) \leq TK_u$ Annahme Bei Ablehnung eines Kriteriums sind alle Werkstücke mit diesen PA/AQL's auszusortieren!				

N = Losgröße
A = Auftrag
PA = Prüfaufgabe
T = Toleranz
TK = Toleranzklasse
FK = Fehlerklasse
s, σ = Standardabweichung
AQL = Gutlage
LQ = Schlechtlage
NPA = Losgröße der Prüfaufgabe
nPA = Stichprobengröße der PA

QMK = Qualitätsmerkmalsklasse
kPA = Annahmefaktor für PA
pAQL = Fehleranteil bei WAQL
pLQ = Fehleranteil bei WLQ
WAQL = Annahmewahrscheinlichkeit bei pAQL
WLQ = Rückweisewahrscheinlichkeit bei pLQ
z = Standardisierte Zufallsvariable einer N(0, 1)-Verteilung
x_* = Qualitätsmerkmalswert
x^* = Norm. Qualitätsmerkmalswert
$\bar{x}$ = Qualitätsmerkmalsmittelwert

$\bar{x}^*$ = Norm. QM-Mittelwert
PG = Prüfgröße

Index - Buchstaben:
v = Auftragszahl
y = QM-Klassenzahl
i = Toleranzklassenzahl
j = Fehlerklassenzahl
m = Qualitätsmerkmalsnummer am Werkstück
r = AQL-Nummer
u = unten

Bild 26: Vorgehensweise zur statistischen Endprüfung kleiner

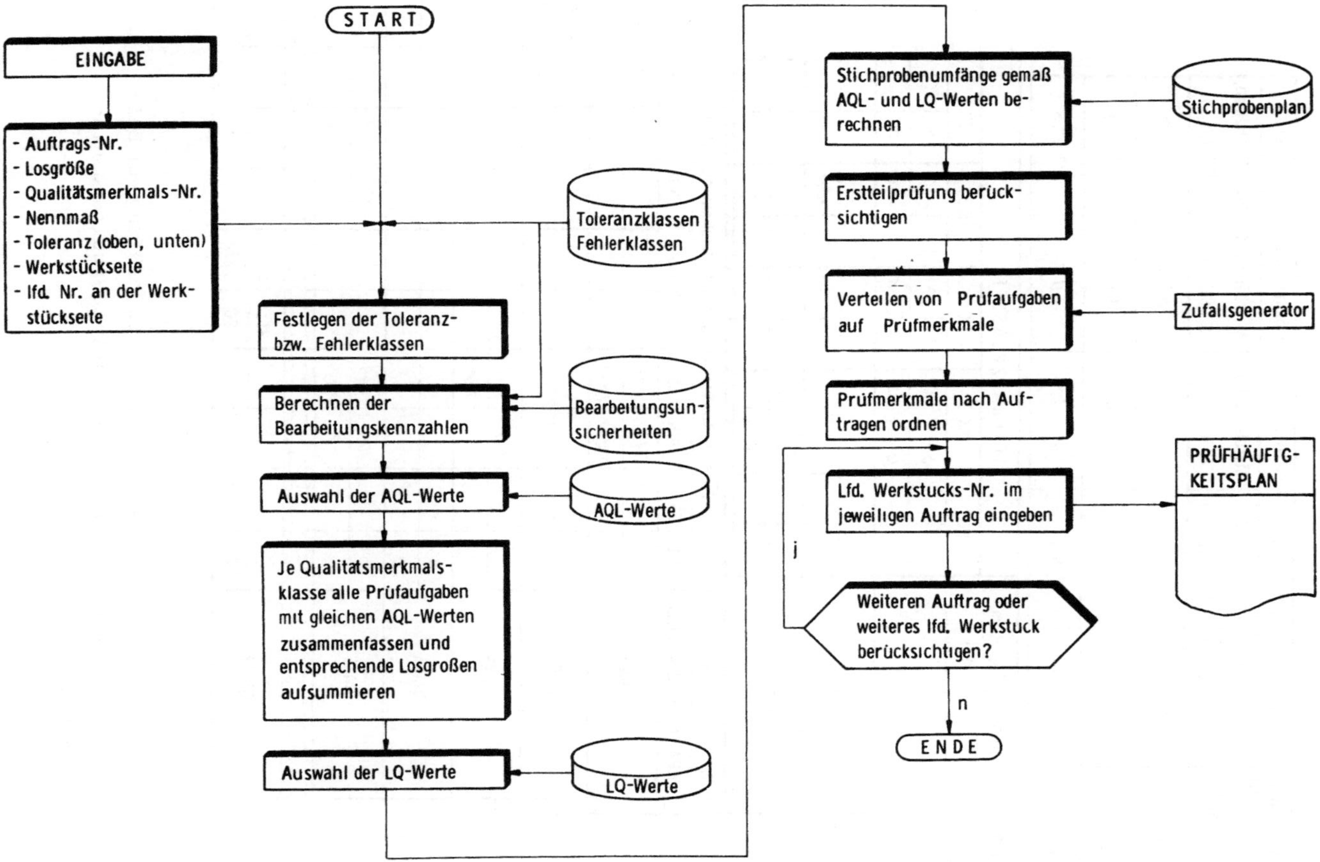

Bild 27: Flußdiagramm zum Programm FENPRU (Fertigungsendprüfung)

QUALITÄTS-MERKMALSKLASSEN \ BEARBEITUNGS-EINRICHTUNG	BEARBEITUNGSUNSICHERHEIT BU (≙6xStandardabweichung б)				
	Maschine M1 б // BU (µm, '')	Maschine M2 б // BU (µm, '')	Maschine M3 б // BU (µm, '')	Maschine M4 б // BU (µm, '')	max. Unsicherh. б // BU (µm, '')
QMK1	9 // 54	7 // 42	8 // 48	9 // 54	9 // 54
QMK2	9 // 54	8 // 48	7 // 42	9 // 54	9 // 54
QMK3	12 // 72	13 // 78	12 // 72	13 // 78	13 // 78
QMK4					
QMK5					
QMK8					

BU (µm, '') / BU / T	TK_u (µm, '') / AQL	TOLERANZKLASSEN									
		TK 2		TK 3		TK 4		TK 5		TK 6	
QMK1				54	80	54	100	54	150	54	200
				0,68	0,65	0,54	0,65	0,36	10,0	0,27	—
QMK2								54	150		
								0,36	10,0		
QMK3				78	120						
				0,65	0,65						

NPA (AQL) / nPA (AQL)	LQ / kPA (AQL)	Σ aller Toleranzklassen mit gleichem AQL-Wert									
		AQL 0,25		AQL 0,65		AQL 1,5		AQL 4,0		AQL 10,0	
QMK1				710	2,94					280	57,53
				25	2,147					4	0,452
QMK2										260	57,53
										4	0,452
QMK3				130	5,16						
				12	2,001						
QMK4		300	1,62								
		20	2,428								
QMK5				100	7,49			410	20,61		
				8	1,894			10	1,227		
QMK8		60	4,55			760	6,55				
		7	2,174			20	1,798				

Bild 28: Vorgehensweise zur statistischen Endprüfung am Beispiel von vier Aufträgen und vier Bearbeitungseinrichtungen

sich somit bei der Toleranzklasse TK1 eine 100%-Prüfung, bei TK3 und TK4 die Grenzlage AQL 0,65, für TK5 AQL 10,0 sowie für TK6 "keine Prüfnotwendigkeit".

Gleiche Qualitätsmerkmale mit demselben AQL-Wert können weiter zusammengefaßt werden. Das bedeutet für QMK1 bei AQL 0,65 schließlich eine Prüfaufgabenlosgröße von NPA (AQL 0,65) = 710 (Bild 27 unten), welche aus den Toleranzklassen 3 und 4 resultiert. Mit diesem Wert läßt sich der Stichprobenumfang aus Bild A2 entnehmen. Bild A3 (Anhang) zeigt den geschilderten Sachverhalt nochmals in programminterner Darstellung. Schließlich müssen, unter Wahrung des Zufalls, die Stichprobenumfänge eines jeden Merkmals auf die zutreffenden Merkmalsausprägungen im Werkstückspektrum verteilt werden (Bild A4, Anhang). Dabei ist zu berücksichtigen, daß sich wegen der allgemein üblichen Erstteilprüfung, d.h. an jedem ersten Werkstück eines Auftrages werden alle Qualitätsmerkmale geprüft, verschiedene Stichprobenprüfungen aufgrund der geringen Häufigkeit erübrigen (z.B. bei QMK 1 und AQL 10,0).

Das Verfahren einer rechnerunterstützten Zuweisung von Prüfaufgaben zu einzelnen Werkstücken wird jedoch meist nur im Fall einer weitgehend automatisierten Fertigung und Qualitätsprüfung, wie beispielsweise in einem flexiblen Fertigungssystem, Anwendung finden. Ansonsten genügt eine Zuweisung der Prüfhäufigkeiten je Qualitätsmerkmalsklasse für einen bestimmten Auftrag. Die zufällige Stichprobenentnahme aus dem Los erfolgt dann, wie in der Praxis sonst auch üblich, durch den Prüfer.

6.4.1.1 Dateneingabe

Die Dateneingabe für das Programm FENPRU erfolgt mnemotechnisch mit Hilfe einfacher Symbole, die ein Merkmal vollständig beschreiben. Die Daten sind einem vorher auszufüllenden Formblatt zu entnehmen (Bild A5, Anhang), in dem diese Symbole bereits enthalten sind. Die vollständige Beschreibung eines Merkmals geschieht durch folgende Angaben (Bild 29):

- Angabe der Werkstückseite, auf welcher sich das Merkmal befindet; Symbol "S",
- laufende Merkmalsnummer auf der Werkstückseite; Symbol "Q",
- Qualitätsmerkmalsklassen-Nr.; Symbol "K",
- Nennmaß; Symbole "L, M, F, R, G, W",
- obere Toleranzgrenze; Symbol "O",
- untere Toleranzgrenze; Symbol "U",
- Steigung bei Feingewinden oder kurze Schenkellänge bei Winkeln; Symbol "P".

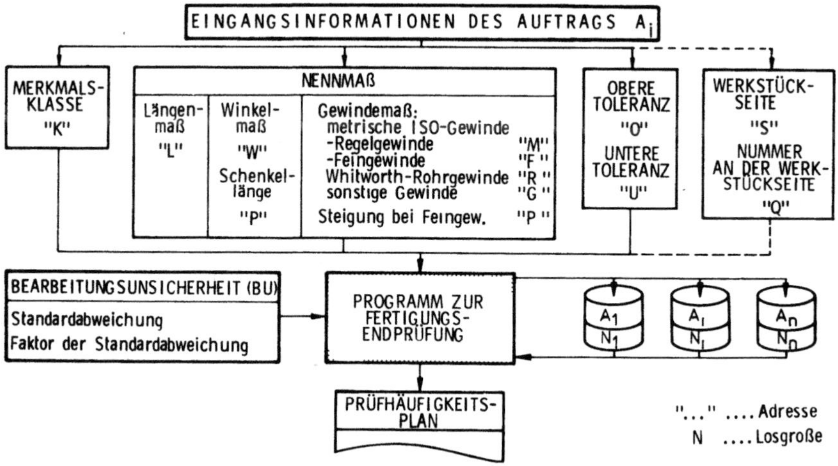

Bild 29: Notwendige Informationen zum Erstellen eines Prüfhäufigkeitsplans

Durch die Angabe der Werkstückseite und der Nummer auf der Werkstückseite wird das Merkmal in der Zeichnung, in die diese Identifikation ebenfalls einzutragen ist, für das Prüfpersonal leicht auffindbar.

Die unterschiedlichen Maßeinheiten der Merkmale (mm oder grd.) werden durch das Nennmaßsymbol berücksichtigt, wobei für Winkelmaße zusätzlich die Angabe der kurzen Schenkellänge erforderlich ist.

Für metrische und Whitworth-Gewinde sind außerdem nur die Nennmaße, für Feingewinde zusätzlich die Steigung einzugeben. Der zu prüfende Flankendurchmesser sowie die Toleranzen werden programmintern abgerufen bzw. berechnet. Dadurch entfällt für die Gewindearten das zeitraubende Suchen in entsprechenden Tabellen.

Um die Dateneingabe benutzerfreundlich zu gestalten, wurden entsprechende Vereinbarungen, wie z.B. bei sich wiederholenden Merkmalen ebenso vorgesehen, wie notwendige Korrektur-, Streich- oder Einfügeoperationen von Merkmalen.

6.4.1.2 Ausgabeprotokolle

Bild 30 zeigt ausschnittsweise einen rechnererstellten Prüfhäufigkeitsplan zur Fertigungsendprüfung am Beispiel des Auftrags A4 (Werkstück Nr. 1), Bild A6 (Anhang) die Häufigkeitspläne aller vier Aufträge, ebenfalls für das erste Werkstück. Darin sind in den Kopfzeilen

- die zugrundegelegten Annahme- und Rückweisewahrscheinlichkeiten,
- die vorgesehene Prüfperson,
- die Auftragsnummer mit Bezeichnung,
- das Planerstellungsdatum und
- die Anzahl der Folgeblätter

enthalten. In den Textzeilen sind neben den bereits erwähnten merkmalsbeschreibenden Angaben auch Spalten zum Eintragen der jeweiligen Ist-Maße sowie deren Abweichungen von der unteren Toleranzgrenze vorgesehen. Dies erleichtert das Eintragen der Daten in das Auswerteformular (Bild 31) und dient zur Dokumentation des Prüfarbeitsgangs.

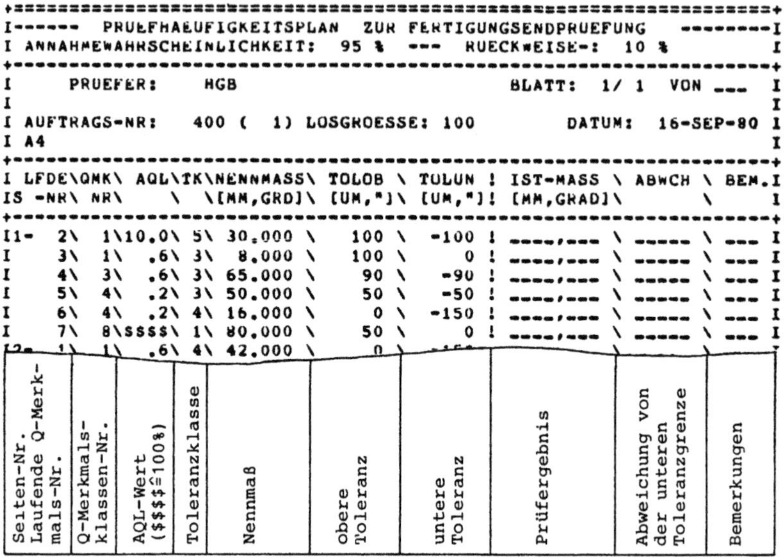

Bild 30: Beispiel eines Prüfhäufigkeitsplans

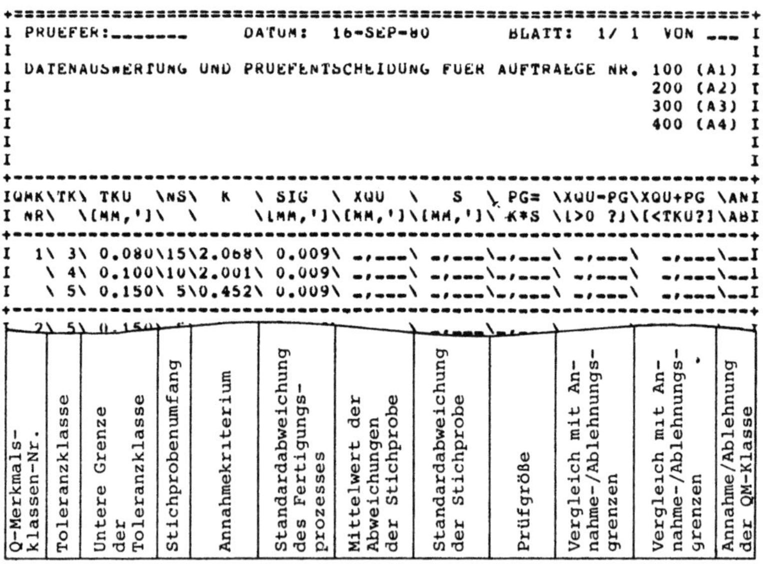

Bild 31: Beispiel zur Datenauswertung und Prüfentscheidung

Die Prüfhäufigkeitspläne werden entsprechend der Verteilung der Prüfaufgaben nach Bild A4 für jeden der eingeplanten Aufträge und innerhalb derer für jedes betroffene Werkstück erstellt und als Teilprüfplan (s.a. Bild 4) ausgegeben.

Im Fall eines nicht rechnerunterstützten Verteilens der Prüfaufgaben auf einzelne Werkstücke können natürlich auch nur die Anzahl der zu prüfenden Merkmale je Merkmals- und Toleranzklasse für einen Auftrag sowie Merkmalsausprägungen ohne Werkstückzuordnung ausgedruckt werden (Bild 32).

```
+====================================================================+
I------ PRUEFHAEUFIGKEITSPLAN  ZUR FERTIGUNGSENDPRUEFUNG    --------I
I ANNAHMEWAHRSCHEINLICHKEIT:  95 %  ---  RUECKWEISE-:  10 %          I
+-------------------------------------------------------------------I
I     PRUEFER:   HGB                          BLATT:  1/ 1  VON ---  I
I                                                                    I
I AUFTRAGS-NR:   100 (A 1) LOSGROESSE:  30        DATUM:  16-SEP-80  I
I                200 (A 2)              50                           I
I                300 (A 3)              50                           I
I                400 (A 4)             100                           I
+--------------------------------------------------------------------+
IA-NR\QMK\TK\NS\ LFDE\NENNMASS\TOLOB \TOLUN ! IST-MASS\ ABWCH.\ BEM.I
I    \ NR\   \   \S- NR\[MM,GRD]\[UM,"]\[UM,"]! [MM,GRD]\       \    I
+-------------------------------------------------------------------I
I   1\   1\ 4\ 4\1-  1\150.000 \  150 \     0 ! ----,---\ ----- \ --- I
I    \    \  \   \1-  1\150.000 \  150 \     0 ! ----,---\ ----- \ --- I
I    \    \  \   \1-  1\150.000 \  150 \     0 ! ----,---\ ----- \ --- I
I    \    \  \   \2-  1\ 66.000 \  150 \     0 ! ----,---\ ----- \ --- I
I    \    \---------------------------------------------------------I
I    \    \ 5\ 1\2-  2\ 86.000 \  100 \  -100 ! ----,---\ ----- \ --- I
I    \--------------------------------------------------------------I
I    \   2\ 5\ 2\1-  3\ 30.000 \  200 \     0 ! ----,---\ ----- \ --- I
I    \    \  \   \2-  4\ 50.000 \  200 \     0 ! ----,---\ ----- \ --- I

I--------------------------------------------------------------------
I   4\   1\ 3\ 4\1-  3\  8.000 \  100 \     0 ! ----,---\ ----- \ --- I
I    \    \  \   \1-  3\  8.000 \  100 \     0 ! ----,---\ ----- \ --- I
I    \    \  \   \1-  3\  8.000 \  100 \     0 ! ----,---\ ----- \ --- I
I    \    \  \   \3-  1\ 58.000 \  100 \     0 ! ----,---\ ----- \ --- I
```

Bild 32: Beispiel eines Prüfhäufigkeitsplans ohne zufällige Verteilung der Prüfaufgaben auf einzelne Werkstücke

Im genannten Datenauswertungs- und Prüfentscheidungsprotokoll (Bild 31) werden nach erfolgter Prüfung die Ergebnisse aller eingeplanten Aufträge qualitätsmerkmals- und toleranzklassenspezifisch eingetragen. Zur Kontrolle, daß z.B. für die Qualitätsmerkmalsklasse 1 und Toleranzklasse 3 alle Daten der Stichprobenprüfung zur Mittelwertbildung herangezogen wurden, ist nochmals der jeweilige Stichprobenumfang (n=15) angegeben. Das Bewerten der Daten erfolgt nach der bereits erläuterten Vorgehensweise und ist ebenfalls zur Dokumentation in das Formular einzutragen. Um den für die Prüfhäufigkeitsplanung wichtigen Parameter der Bearbeitungsunsicherheit gegebenenfalls aktualisieren zu können, werden zum Berechnen der Prüfgrößen die Standardabweichungen der Stichprobenergebnisse herangezogen und von Zeit zu Zeit mit den Planungsdaten verglichen. Verschiedentlich wird in der Praxis beim Bilden der Prüfgröße statt der Standardabweichung die Spannweite R der Prüfergebnisse verwendet. Führt einer der beiden Vergleiche zu einer Ablehnungsentscheidung, so muß diese Merkmals- und Toleranzklasse in allen Aufträgen nochmals überprüft werden (Sortierprüfung). Zum besseren Auffinden dieser Merkmale kann ein im Programm FENPRU bereits vorhandenes Sortierprogramm herangezogen werden.

6.4.2 Untersuchung der Vorgehensweise an realen Werkstückspektren

Das Bestimmen der Prüfhäufigkeit erfolgt im wesentlichen in Abhängigkeit von

- der Anzahl der eingeplanten Aufträge,
- der Werkstücklosgröße jedes Auftrages und
- der Größe der Bearbeitungsunsicherheit je Qualitätsmerkmalsklasse.

Diese Parameter werden nachfolgend sowohl an Testwerkstücken, als auch an Werkstücken eines Unternehmens variiert und die Auswirkungen diskutiert.

6.4.2.1 Planungsergebnisse

Vorab ist zu erwähnen, daß die hier benützten Bearbeitungsunsicherheiten in einem Industriebetrieb aufgrund einer umfassenden Prüfdatendokumentation ermittelt wurden. Sie stimmen außerdem im wesentlichen mit den in Bild A3 (Anhang) enthaltenen Werten überein. Die Variation der Bearbeitungsunsicherheit erfolgt dadurch, daß ein für alle Qualitätsmerkmalsklassen konstanter Faktor verändert wurde.

Unabhängig davon wurde zuerst das Verhalten des Stichprobenumfangs, gemäß dem gewählten Stichprobenplan (Bild A2, Anhang), in Abhängigkeit des AQL-Wertes und des Losumfangs bei verschiedenen Auftragszusammenfassungen, bezogen auf ein Merkmal, graphisch dargestellt (Bild 33). Der Übersicht halber sind jedoch nur die Steigungen des Stichprobenzuwachses aufgezeichnet.

Die Auftragszusammenfassung wurde so gewählt, daß der oberste Linienzug die Summe aus fünf einzelnen Aufträgen mit jeweils derselben Losgröße darstellt, der untere Linienzug alle fünf Aufträge zu einer Losgröße zusammenfaßt. Am Beispiel von fünf Aufträgen mit je N=200 (AQL=0,25) ergeben sich beim Prüfen eines jeden einzelnen Auftrages ein Gesamtprüfaufwand von n_{ges}=100 Merkmalen, beim Gruppenlos mit N=1000 ein Aufwand von nur 35 Merkmalen.

Aus Bild 33 kann abgeleitet werden, daß diese Einsparungen zum einen mit größer werdender Grundgesamtheit zunehmen, zum andern bei größeren AQL-Werten abnehmen. Eine Abnahme erfolgt ebenfalls bei vermehrter Auftragszusammenfassung (Abstände der Kurvenzüge verkürzen sich bei zunehmender Auftragsanzahl).

Bezüglich des AQL-Wertes läßt sich deshalb feststellen, daß sich Werkstückspektren mit allgemein großen Toleranzen und kleinen Bearbeitungsunsicherheiten und demzufolge großen AQL-Werten weniger für das Verfahren eignen.

Die Grenze für das Zusammenfassen von Aufträgen und der Höhe der einzelnen Grundgesamtheiten ergibt sich aus der Randbedingung für das verwendete Verfahren: Der Zeitraum von der Fertigung bis zur Prüfung muß in überschaubaren Dimensionen sein, um eventuell notwendige Eingriffe in den Bearbeitungsprozeß für weitere Lose

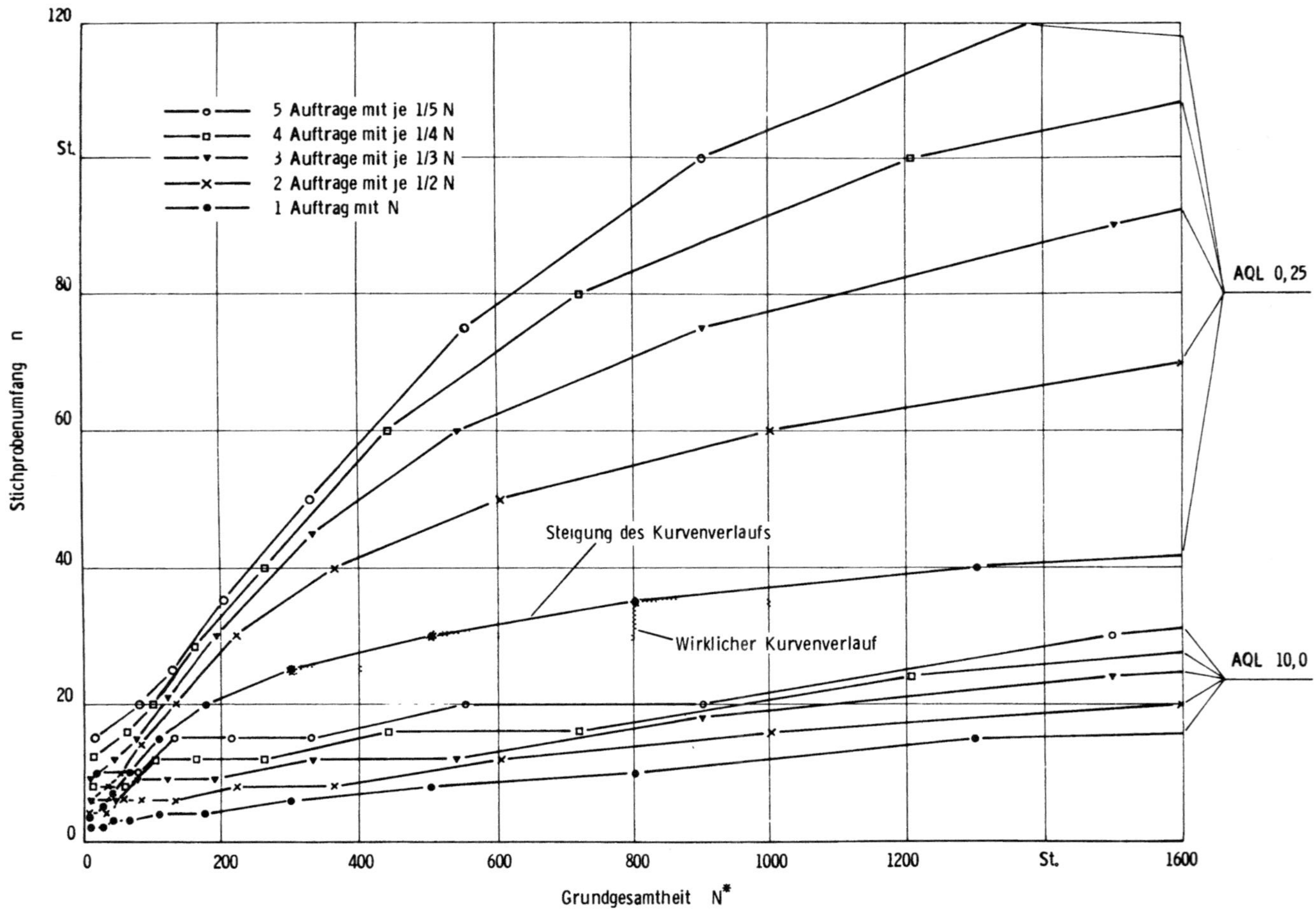

<u>Bild 33:</u> Stichprobenumfang in Abhängigkeit der Grundgesamtheit und des AQL-Wertes bei verschiedenen Auftragszusammensetzungen

rechtzeitig vornehmen zu können. Beim Fertigen großer Losumfänge (Großserie) finden deshalb im allgemeinen Zwischenprüfungen statt. Das Zusammenfassen von zu vielen Aufträgen bringt außerdem die Unsicherheit mit sich, daß die als konstant angenommenen Fertigungsbedingungen nicht mehr ausreichend eingehalten werden können. Der Einsatz des Verfahrens in der Industrie hat gezeigt, daß das Zusammenfassen von etwa vier Aufträgen mit Losgrößen um 400 Stück noch praktikabel ist.

Die Abhängigkeit des Stichprobenumfangs beim Verändern der Bearbeitungsunsicherheit ist zum einen aus Bild 25 ersichtlich: Ein Prüfmerkmal wird bei gegebener Toleranz und größer werdender Bearbeitungsunsicherheit mit immer kleineren AQL-Werten, d.h. mit größeren Stichprobenumfängen beurteilt. Dieser Vorgang ist zum anderen in Bild 34 am Beispiel eines Auftrages und der Qualitätsmerkmalsklasse 6 veranschaulicht.

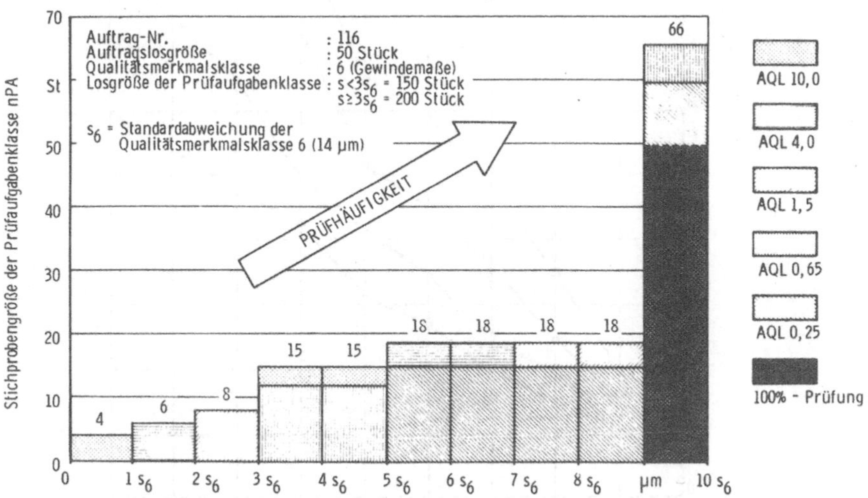

Bild 34: Zunahme der Prüfhäufigkeit in Abhängigkeit größerer Bearbeitungsunsicherheiten

Die Erhöhung des Prüfumfangs nimmt durch die steigenden AQL-Werte bei größerer Bearbeitungsunsicherheit relativ kontinuierlich zu. Z.B. besitzen bis zur Standardabweichung $s = 3s_6$ drei Merkmale je Werkstück der Qualitätsmerkmalsklasse 6 eine Prüfnotwendigkeit. Dann muß ein weiteres Merkmal mit berücksichtigt werden. Beim Übergang $s > 9s_6$ ist schließlich eines der vier Merkmale 100%-ig zu prüfen, was einen sprunghaften Anstieg der Prüfhäufigkeit bedeutet.

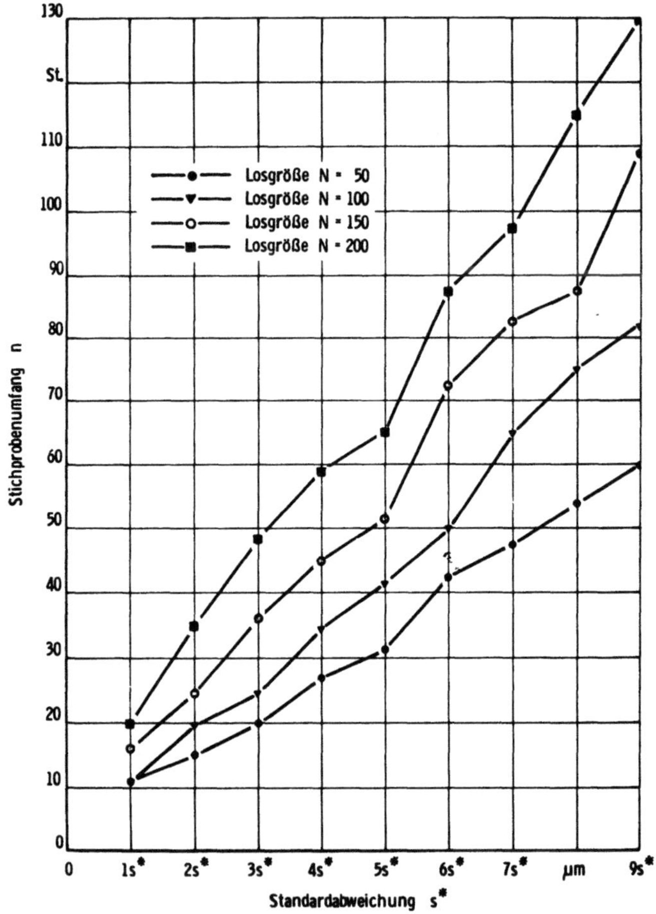

Bild 35: Stichprobenumfang des Auftrags A9001 ohne 100%-Prüfungen in Abhängigkeit der Bearbeitungsunsicherheit

Bild 35 zeigt denselben Sachverhalt, jedoch ohne die Übergänge zu 100%-Prüfungen, anhand eines Testauftrages bei verschiedenen Losgrößen. Das Beispiel kann bei diesen Untersuchungen als repräsentativ betrachtet werden, da sich bei anderen Test- oder Industrie-Aufträgen näherungsweise identische Kurvenverläufe ergaben.

Es zeigt sich auch hier eine praktisch lineare Zunahme des Stichprobenumfangs bei steigender Bearbeitungsunsicherheit. Abweichungen von BU = 6s* um +0,5 BU bzw. -0,5 BU (≙ 3s* bzw. 9s*) wirken sich jedoch bei kleineren Losgrößen (N = 50) wesentlich stärker auf die Zu- bzw. Abnahme von n (bezogen auf N) aus (ca. 40%) als bei größeren Losen (N = 200) mit ca. 20%.

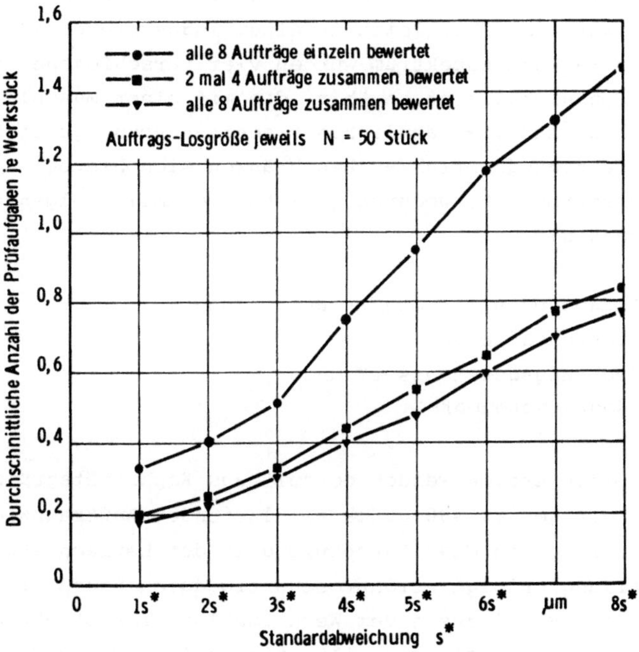

Bild 36: Durchschnittliche Anzahl der Prüfaufgaben pro Werkstück ohne Berücksichtigung der 100%-Prüfungen in Abhängigkeit der Bearbeitungsunsicherheit

Bild 36 soll abschließend, wiederum stellvertretend für alle untersuchten Aufträge, an einem Beispiel aus der Industrie darstellen, daß bei vermehrter Zusammenfassung von Aufträgen die Reduzierung des Prüfaufwandes abnimmt.

Für den Fall von BU = 6s* bringt das Zusammenfassen der acht einzeln bewerteten Aufträge zu zwei neuen mit je vier Aufträgen eine Minderung der Prüfaufgaben je Werkstück von ca. 45%. Ein weiteres Vorgehen zu einem einzigen Auftrag hingegen nur nochmals eine Einsparung von ca. 4% (49% bez. auf einzelne Aufträge).

6.4.2.2 Wirtschaftlichkeitsbetrachtung

Zum Beurteilen des Prüfaufwandes nach dem bisher beschriebenen Verfahren wurde ein Vergleich in einem Industriebetrieb durchgeführt. Als Werkstückspektrum wurden vier verschiedene, jedoch ähnliche Gehäuseteile ausgewählt, die mit einer Maschinengruppe, bestehend aus vier ähnlichen Maschinentypen, gefertigt werden. Die Fertigungsverfahren beschränken sich hierbei auf Aus- und Plandreharbeiten, wodurch Qualitätsmerkmale folgender Klassen entstanden:

- QMK 1 "Längenmaße mit ebener Begrenzung",
- QMK 2 "Bohrungstiefen",
- QMK 5 "Bohrungsdurchmesser" und
- QMK 8 "Koordinatenmaße".

Die vier Gehäuseteile werden derzeit aus Kapazitätsgründen in Losgrößen mit je ca. 400 Stück bei laufender Auftragswiederholung gefertigt. Die Qualitätsprüfung in der betrachteten Fertigungsabteilung erfolgt stichprobenartig durch Laufprüfer. Es werden in der Regel aus jedem Werkstücklos vier Stichproben, über die Fertigungszeit verteilt, mit je fünf Werkstücken entnommen. An jedem dieser Werkstücke werden im Durchschnitt 30 Merkmale geprüft und die Ergebnisse auf Meßwertkarten dokumentiert, wobei der Arbeiter seine Tätigkeit zusätzlich durch Messen der Merkmale überwacht. Als wesentliche Nachteile dieser Vorgehensweise sind zu nennen, daß

- alle Prüfaufgaben, gleich welcher Toleranzklasse, mit derselben Prüfhäufigkeit geprüft werden,
- der Stichprobenumfang von 20 Werkstücken pro Los empirisch festgelegt und nicht begründet ist,
- somit keine, einer statistischen Vorgehensweise gerecht werdenden Kennwerte wie Annahmewahrscheinlichkeit, Qualitätsgrenzlage oder Annahmekriterium zur Verfügung stehen,
- die Werkstücke nicht zufällig sondern gruppenweise während der Fertigung des Loses geprüft werden und
- resultierend aus diesen Punkten eine Aussage über den zu erwartenden Fehleranteil im Los nicht möglich ist.

Mit dem in dieser Arbeit aufgezeigten Verfahren zum Bestimmen der Prüfmerkmale und Prüfhäufigkeiten konnte, nach dem Ermitteln der Bearbeitungsunsicherheiten je Qualitätsmerkmalsklasse aufgrund vorliegender Meßergebnisse, eine durchschnittliche Prüfnotwendigkeit von ca. 33 Merkmalen je zu prüfendem Werkstück festgestellt werden. Die einzelnen Prüfhäufigkeiten wurden merkmalsbezogen bei einer getrennten Betrachtung aller vier Aufträge, beim Zusammenfassen von je zwei Aufträgen und beim Zusammenfassen aller vier Aufträge errechnet. Entgegen der nivellierten Betrachtungsweise aller Merkmale beim Verfahren des Unternehmens, die einem AQL-Wert von ca. 0,65 bei den in dieser Arbeit zugrundegelegten Stichprobenplänen entspricht, waren die mit dem Programm FENPRU errechneten AQL-Klassen verschieden stark besetzt (Bild 37). Das bedeutet, daß hierbei die wichtigeren Qualitätsmerkmale wesentlich häufiger als im Unternehmen üblich, die weniger wichtigen seltener beurteilt werden.

Daraus resultieren bei den einzelnen Aufträgen im Vergleich durchschnittlich stark reduzierte Prüfhäufigkeiten. Die Ergebnisse der jeweiligen Planungen sind in Bild A7 (Anhang) aufgeführt. Die graphische Gegenüberstellung der Prüfumfänge bei den verschiedenen Vorgehensweisen, bezogen auf ein Werkstück,

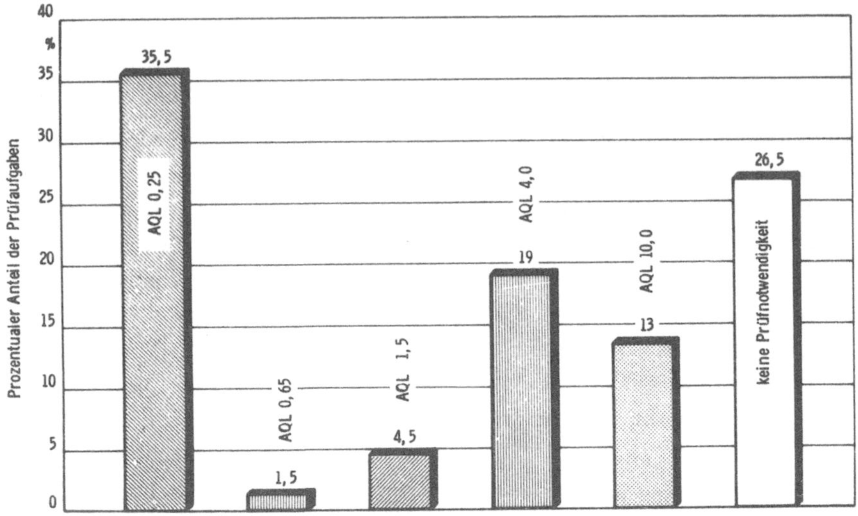

Bild 37: Besetzung der AQL-Klassen

zeigt Bild 38.

Als wesentliche Vorteile des beschriebenen Verfahrens können somit genannt werden:

- Das Planen der Prüfhäufigkeiten erfolgt auf der Grundlage gebräuchlicher statistischer Vorgehensweisen,
- die gewählten Prüfpunkte charakterisieren einen bestimmten Stichprobenplan (Dokumentation),
- die einzelnen Merkmale werden entsprechend ihrer Toleranz unterschiedlich häufig beurteilt,
- die einzeln bewerteten Aufträge erbringen eine Reduzierung des Prüfaufwandes um ca. 70%,
- beim Zusammenfassen von je zwei Aufträgen beträgt die Reduzierung ca. 80% und
- beim Zusammenfassen aller vier Aufträge ca. 85%.

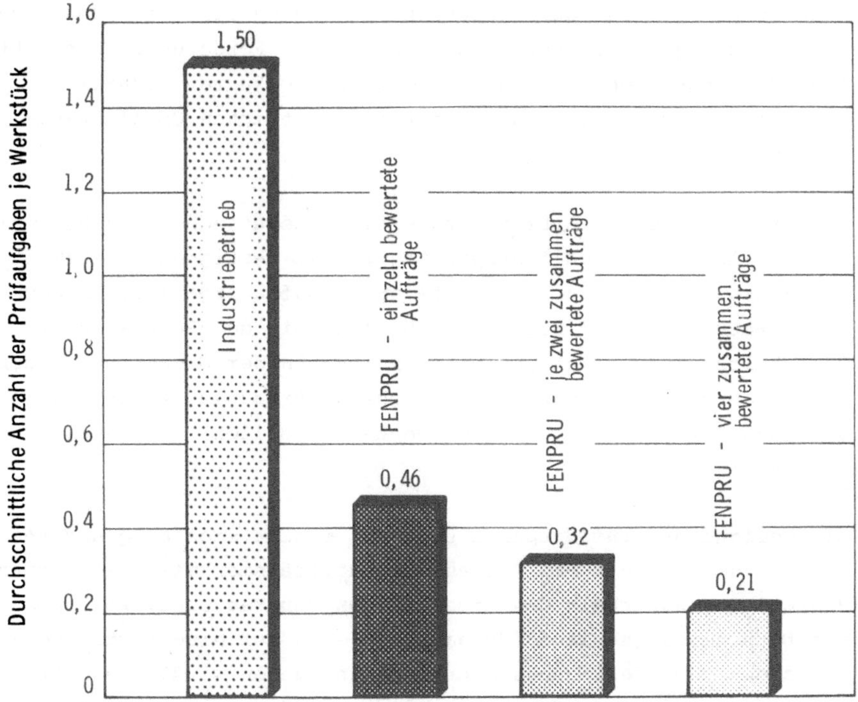

Bild 38: Vergleich des Prüfumfangs bei verschiedenen Vorgehensweisen

7 Zusammenfassung und Ausblick

In der Klein- und Mittelserienfertigung, insbesondere der mittelständischen Industrie, wird derzeit aus Kapazitäts- und Kostengründen oft auf das Planen und Ergebnisverarbeiten der Qualitätsprüfung verzichtet. Gesetzgeberische Forderungen hinsichtlich Dokumentation und eine verschärfte Konkurrenzsituation zwingen aber zunehmend zu einer wirtschaftlichen Qualitätssicherung.

In der vorliegenden Arbeit wird eine systematische Vorgehensweise zum Planen der Qualitätsprüfung in der Fertigung erarbeitet. Ausgangspunkt ist eine dafür geeignete Aufbauorganisation des Qualitätswesens. Die Systematik beginnt mit dem Festlegen der Tätigkeitsbereiche der Qualitätsprüfung in der Grobstruktur der Produktherstellung, wobei entsprechende Prüfabläufe mit der jeweiligen Informations- und Dokumentationspflicht dargestellt werden.

Als geeigneter Prüfzeitpunkt und -ort ergibt sich aufgrund des Standes der Technik ein Messen der Qualitätsmerkmale nach deren Bearbeitung außerhalb des Arbeitsraums der Maschine, wozu noch ein Entscheidungsablauf für das Festlegen auf eine Fertigungszwischen- oder Fertigungsendprüfung angegeben wird. Diese Erkenntnisse sind dann fertigungssystem- und produktabhängig in eine detaillierte Fertigungsplanstruktur einzuarbeiten. Dies dient zur Dokumentation und als Unterlage zum weiteren Planen der Qualitätsprüfung.

Das Bestimmen der Häufigkeit von Prüfungen zum Sicherstellen der geforderten Produktqualität erfolgt in der Praxis meist durch empirisches Festlegen eines Mengengerüsts, z.B. eines prozentualen Anteils am Los. Daraus können jedoch keine statistisch fundierten Aussagen über die tatsächliche Merkmalsqualität im gesamten Los abgeleitet werden, auch wenn die Stichprobengröße relativ hoch gewählt wird.

Es wird für die Fertigungsendprüfung ein Verfahren entwickelt, das gerade für kleine und mittlere Serien das Anwenden bekannter, für die Großserie geeigneter, Stichprobensysteme erlaubt. Dazu werden gleiche und ähnliche Qualitätsmerkmale zu Klassen zusammengefaßt. Voraussetzung dafür sind insbesondere eine annähernd normalverteilte Fertigung der Merkmalswerte und eine näherungsweise konstante Bearbeitungsunsicherheit für die Qualitätsmerkmalsklassen im betrachteten Fertigungssystem. Diese beiden Punkte sind vor allem bei automatisierter Fertigung, z.B. in flexiblen Fertigungssystemen, leichter einzuhalten als bei handbedienten Maschinen.

Das Verfahren wird mit Hilfe eines Rechenprogramms in der Praxis eingesetzt. Es zeigt sich, daß neben dem nicht quantifizierbaren Vorteil der statistischen Grundlage, die als Verhandlungsbasis und zur Dokumentation dient, eine erhebliche Reduzierung des Prüfaufwands möglich ist.

Neben der Weiterentwicklung von gerätetechnischen Möglichkeiten der prozeßnahen Qualitätsprüfung (direkte Qualitätsregelung) muß künftig untersucht werden, inwieweit sich statistische Methoden zur Fertigungszwischenprüfung in der Klein- und Mittelserienfertigung anwenden lassen. Hierbei sind vor allem genauere Daten der Bearbeitungsunsicherheit für die Fertigungsmittel, besonders der einzelnen Werkzeuge und damit verbunden die Kenntnis über den Merkmalstrend, notwendig. Mit einer entsprechenden Prüfdatenrückführung zur Bearbeitungseinrichtung können somit wesentlich kürzere Reaktionen auf Merkmalsabweichungen erreicht werden. Im übrigen tragen Systematiken zur Qualitätsprüfung im Wareneingang und in der Montage dazu bei, den Gesamtkomplex der Qualitätsprüfung noch wirtschaftlicher zu betreiben.

8 Schrifttum

/ 1/ VDI-Bericht 292: Rechnerunterstützte Auftragsbearbeitung für Klein- und Mittelserienfertigung. Düsseldorf: VDI-Verlag, 1977.

/ 2/ Tuffentsammer, K.: Programmiergerechte Zeichnungsbemaßung. Veranstaltungsunterlagen Nr. S-3-833-05-9, Essen: Haus der Technik, 1979.

/ 3/ Lipp, W.: NC-Maschinen in der Fertigung. Werkstatt und Betrieb 109 (1976) 10, S. 547 ... 553.

/ 4/ Storr, A.: Planung und Realisierung flexibler Fertigungssysteme. wt-Z.ind.Fertig. 69 (1979) 11, S. 681 ... 691.

/ 5/ Dutschke, W.: Prüfplanung in der Fertigung. Mainz: Krausskopf-Verlag, 1975.

/ 6/ Bläsing, J.P.: Die rechnerunterstützte Prüfplanung. Diss. Universität Stuttgart, 1978.

/ 7/ Babić, H.; Dietzsch, M.: Organisation des Qualitätswesens. Qualität und Zuverlässigkeit 21 (1976) 5, S. 114 ... 116.

/ 8/ Babić, H.; Kampa, H.: Rationalisierung im Qualitätswesen. Fortschrittliche Betriebsführung und Industrial Engineering 27 (1978) 2, S. 85 ... 92.

/ 9/ DIN 55350: (Vornorm) Begriffe der Qualitätssicherung und Statistik. Berlin, Köln: Beuth-Vertrieb, 1980.

/10/ DGQ: Organisation der Qualitätssicherung im Unternehmen, Teil 1: Aufbauorganisation. Deutsche Gesellschaft für Qualität e.V. Berlin, Köln, Frankfurt/M.: Beuth-Verlag, 1975.

/11/ Sauermann, H.M.: Moderne Organisationsformen des industriellen Qualitätswesens. Qualität und Zuverlässigkeit 18 (1973) 2, S. 25 ... 32.

/12/ Babić, H.; Czetto, R.; Dietzsch, M.: Aufgaben und Gliederung der Prüfplanung. wt-Z.ind.Fertig. 67 (1977) 5, S. 273 ... 276.

/13/ Czetto, R.: Klassifizierungssystem für Prüfmittel in der industriellen Längenprüftechnik. Diss. Universität Stuttgart, 1977.

/14/ Gaster, D.: Prüfmittel-Überwachungs-System. Qualität und Zuverlässigkeit 22 (1977) 4, S. 86 ... 92.

/15/ Dutschke, W.: Ordnungssystem für Prüfaufgaben der industriellen Meßtechnik. wt-Z.ind.Fertig. 60 (1970) 1, S. 22 ... 25.

/16/ Warnecke, H.-J.; Dietzsch, M.; Kampa, H.: Analyse der Meßaufgaben an prismatischen Werkstücken. wt-Z.ind.Fertig. 66 (1976) 5, S. 281 ... 285.

/17/ Babić, H.; Bläsing, J.P.; Lang, H.: PREPLA, ein Baustein zur rechnerunterstützten Prüfplanung. wt-Z.ind.Fertig. 66 (1976) 3, S. 155 ... 158.

/18/ Babić, H.: Rechnerunterstützte Prüfmitteleinsatzplanung - Ein Beitrag zur Qualitätssicherung in der Planungsphase. Lehrgangsunterlagen Nr. 3051/55.24. Esslingen: Technische Akademie, 1976.

/19/ Dutschke, W.: Qualitätsregelung in der Fertigung. Berlin, Göttingen, Heidelberg: Springer-Verlag, 1964.

/20/ Schindowski, E.; Schürz, O.: Statistische Qualitätskontrolle. Berlin: VEB-Verlag Technik, 1976.

/21/ MIL-STD 414: Military Standard 414, Variablen-Prüfpläne des amerikanischen Heeres vom 11.6.1957. Vertrieb: Superintendent of Documents, US Government Printing Office, Washington 25 DC.

/22/ Stange, K.: Stichprobenpläne für die messende Prüfung. Frankfurt: Deutsche Arbeitsgemeinschaft für statistische Qualitätskontrolle, 1968.

/23/ Schaafsma, A.H.; Willemze, F.G.: Moderne Qualitätskontrolle. Eindhoven: Philips Technische Bibliothek, 1973.

/24/ Seelbach, H.: Ablaufplanung.
Würzburg, Wien: Physika-Verlag, 1975.

/25/ Babić, H.: Rationalisierungsreserve Qualitätsprüfung.
Qualität und Zuverlässigkeit 24 (1979) 1, S. 9 ... 13.

/26/ SAQ: Richtlinien für die Qualitätsberichterstattung.
Bern: Schweizerische Arbeitsgemeinschaft für Qualitätsförderung, 1973.

/27/ DGQ: Organisation der Qualitätsprüfung im Unternehmen, Teil 2: Abläufe zur Qualitätssicherung.
Deutsche Gesellschaft für Qualität e.V.
Berlin, Köln, Frankfurt/M.: Beuth-Verlag, 1976.

/28/ o.V. Handelsgesetzbuch.
München: Beck-Verlag, 1966.

/29/ AQAP-1: NATO-Forderungen an ein industrielles Qualitätssteuerungs- und Prüfsystem.
STANAG Nr. 4108.
Bonn: Bundesministerium der Verteidigung, 1972.

/30/ DGQ: Qualität und Haftung.
Deutsche Gesellschaft für Qualität e.V.
Berlin, Köln, Frankfurt/M.: Beuth-Verlag, 1976.

/31/ Franke, H.: Qualitätssicherung von Zulieferungen. Kontakt+Studium Band 14, Technische Akademie Esslingen. Grafenau: Lexika-Verlag, 1978.

/32/ Babić, H.; Czetto, R.: Das Qualitätswesen: Aufbau, Aufgaben und Zusammenarbeit mit der Fertigung. Handbuch des Wirtschaftsingenieurs (HWI), Reg.Nr. 2710, S. 1 ... 50. Geesthacht: Verlag für Wirtschaft und Ausbildung, 1979.

/33/ Babić, H.; Kampa, H.: Erfahrungen beim Verlagern der Qualitätsverantwortung durch Einführen von Selbstprüfungen in der industriellen Fertigung. Feinwerktechnik und Meßtechnik 89 (1981) 1, S. 6 ... 12.

/34/ Babić, H.; Kampa, H.: Einsatz von Mehrkoordinaten-Meßgeräten in flexiblen Fertigungssystemen. Feinwerktechnik und Meßtechnik 86 (1978) 5, S. 213 ... 219.

/35/ Warnecke, H.-J.; Babić, H.; Kampa, H.: Rechnerunterstützte Prüfplanung für flexible Fertigungssysteme. Schweizer Maschinenmarkt 79 (1979) 50, S. 57 ... 63.

/36/ Steidle, L.: NC-Technik und Qualitätsprüfung. Qualität und Zuverlässigkeit 24 (1979) 10, S. 272 ... 275.

/37/ Junike, W.: CNC für flexible Fertigungszellen. wt-Z.ind.Fertig. 66 (1976) 9, S. 507 ... 509.

/38/ Stute, G.: Flexible Fertigungssysteme.
wt-Z.ind.Fertig. 64 (1974) 3,
S. 147 ... 156.

/39/ o.V. 2. IFAC/IFIP-Symposium "Probleme der Informationsverarbeitung in der Produktionstechnik".
Oxford, Frankfurt/M.: Pergamon Press, 1979.

/40/ DGQ: Begriffe und Formelzeichen im Bereich der Qualitätssicherung.
Deutsche Gesellschaft für Qualität e.V.
Berlin, Köln, Frankfurt/M.: Beuth-Verlag, 1974.

/41/ Sauer, W.; Dreyer, H.: Statistische Methoden in der Feingerätetechnik, Teil 7: Bedeutung und Anwendung der Normalverteilung in Konstruktion und Technologie.
Feingerätetechnik 26 (1977) 10,
S. 463 ... 464.

/42/ Sachs, L.: Angewandte Statistik.
Berlin, Heidelberg, New York: Springer-Verlag, 1974.

/43/ Masing, W.: Der beherrschte Fertigungsprozeß.
wt-Z.ind.Fertig. 67 (1977) 5,
S. 269 ... 272.

/44/ DGQ: Methoden zur Ermittlung geeigneter AQL-Werte.
Deutsche Gesellschaft für Qualität e.V.
Berlin, Köln, Frankfurt/M.: Beuth-Verlag, 1975.

/45/ Babić, H.; Dietzsch, M.: Methode zum Ermitteln der Bearbeitungsunsicherheit von Werkzeugmaschinen.
Maschinenmarkt 84 (1978) 67, S. 1297 ... 1301 und Maschinenmarkt 84 (1978) 74, S. 1435 ... 1438.

/46/ VDI/DGQ 3441 ff: Statistische Prüfung der Arbeits- und Positionsgenauigkeit von Werkzeugmaschinen.
Berlin, Köln: Beuth-Vertrieb, 1977.

/47/ DIN 7151: ISO-Grundtoleranzen für Längenmaße von 1 bis 500 mm Nennmaß.
Berlin, Köln: Beuth-Vertrieb, 1964.

LOSGRÖßE N (St.)	STICHPROBENGRÖßE n (St.)	PROZENTUALER STICH-PROBENUMFANG (%)
3 ... 8	3	100 ... 38
9 ... 15	3	33 ... 20
16 ... 25	4	25 ... 16
26 ... 40	5	19 ... 13
41 ... 65	7	17 ... 11
66 ... 110	10	15 ... 9
111 ... 180	15	14 ... 8
181 ... 300	20	11 ... 7
301 ... 500	25	8 ... 5
501 ... 800	30	6 ... 4
801 ... 1300	35	4 ... 3
1301 ... 3200	40	3 ... 1
3201 ... 8000	50	1,6 ... 0,6
8001 ... 22000	75	0,9 ... 0,3
22001 ... 110000	100	0,5 ... 0,1
110001 ... 550000	150	0,14 ... 0,03
550001 und darüber	200	≤0,04

Bild A1: Stichprobengröße in Abhängigkeit der Losgröße für das Prüfniveau "normale Prüfung" nach MIL-STD 414, bei unbekannter Streuung der Fertigung

LOSGRÖßE N WERKSTÜCK- ODER Q-MERKMALSBEZ.	ANNEHMBARE QUALITÄTSGRENZLAGE				
	AQL 0,25	AQL 0,65	AQL 1,5	AQL 4,0	AQL 10,0
	n/k	n/k	n/k	n/k	n/k
	LQ	LQ	LQ	LQ	LQ
3 ... 8	3/1,848	3/1,528	2/1,004	2/0,585	2/0,114
	13,35	21,48	46,02	62,55	78,52
9 ... 15	3/1,848	3/1,528	2/1,004	2/0,585	2/0,114
	13,35	21,48	46,02	62,55	78,52
16 ... 25	4/1,977	4/1,657	3/1,218	3/0,799	2/0,114
	9,01	15,39	31,56	47,61	78,52
26 ... 40	5/2,062	5/1,742	4/1,348	3/0,799	3/0,328
	6,81	12,10	23,89	47,61	65,91
41 ... 65	7/2,174	6/1,804	4/1,348	4/0,928	3/0,328
	4,55	10,03	23,89	38,59	65,91
66 ... 110	10/2,218	8/1,894	6/1,494	4/0,928	3/0,328
	3,00	7,49	16,60	38,59	65,91
111 ... 180	15/2,377	12/2,001	8/1,584	6/1,075	4/0,452
	2,01	5,16	12,92	29,12	57,53
181 ... 300	20/2,428	16/2,068	10/1,646	8/1,165	4/0,452
	1,62	4,01	10,75	23,89	57,53
301 ... 500	25/2,467	20/2,108	15/1,742	10/1,227	6/0,604
	1,35	3,44	7,93	20,61	46,81
501 ... 800	30/2,501	25/2,147	20/1,798	15/1,322	8/0,694
	1,16	2,94	6,55	16,11	40,52
801 ... 1300	35/2,518	30/2,181	25/1,838	20/1,379	10/0,756
	1,07	2,56	5,71	13,79	36,32
1301 ... 3200	40/2,540	35/2,198	30/1,871	25/1,418	15/0,852
	0,96	2,39	5,05	12,30	30,15
3201 ... 8000	50/2,596	42/2,226	35/1,888	30/1,452	20/0,908
	0,84	2,11	4,75	11,12	26,76
≥8001	75/2,608	60/2,265	45/1,922	35/1,469	25/0,947
	0,70	1,79	4,18	10,56	24,51

ANNAHMEWAHRSCHEINLICHKEIT $W_\alpha = 95\%$

RÜCKWEISEWAHRSCHEINLICHKEIT $W_\beta = 10\%$

Bild A2: Stichprobenpläne für eine bestimmte Annahme- und Rückweisewahrscheinlichkeit

```
                                              DATUM: 16-SEP-80
+==========================================================================+

STREUBREITENFAKTOR "FACSIG" =      6.00

 \  MERKMALS-KLASSE: \   1 \   2 \   3 \   4 \   5 \   6 \   7 \   8 \   9 \
 \  ARB.-STREUBREITE \   9 \   9 \  13 \  13 \   4 \  14 \   8 \   6 \   6 \——{S*
  +========================================================================+
A1                                                                 10-SEP-80
A2                                                                 10-SEP-80
A3                                                                 10-SEP-80

          < < < < < <    BEARBEITUNGSKENNZAHL =    1.08     > > > > > >
 41.Q-MERKMAL  ; KLASSE:  1   BU(MAX) =    54.00   TOL-BREITE=      50

          < < < < < <    BEARBEITUNGSKENNZAHL =    1.08     > > > > > >
 42.Q-MERKMAL  ; KLASSE:  1   BU(MAX) =    54.00   TOL-BREITE=      50

          < < < < < <    BEARBEITUNGSKENNZAHL =    1.08     > > > > > >
 43.Q-MERKMAL  ; KLASSE:  1   BU(MAX) =    54.00   TOL-BREITE=      50
A4                                                                 10-SEP-80

ZUSAETZLICHES PRUEFEN VON  -1 Q-MERKMALEN (1.-TEIL)

1.QM-KLASSE           280      0       0     710       0     150
                        5      0       0      11       0       3
                        4      0       0      25       0     150

ZUSAETZLICHES PRUEFEN VON  -1 Q-MERKMALEN (1.-TEIL)

2.QM-KLASSE           260      0       0       0       0       0
                        5      0       0       0       0       0
                        4      0       0       0       0       0

3.QM-KLASSE             0      0       0     130       0       0
                        0      0       0       2       0       0
                        0      0       0      12       0       0

4.QM-KLASSE             0      0       0       0     300       0
                        0      0       0       0       4       0
                        0      0       0       0      20       0

5.QM-KLASSE             0    410       0     100       0      50
                        0      8       0       1       0       1
                        0     10       0       8       0      50

8.QM-KLASSE             0      0     760       0      60     200
                        0      0      13       0       2       3
                        0      0      20       0       7     200

AQL-Wert:            10,0    4,0     1,5    0,65    0,25    100%
```

Prüfaufgabenlosgröße je AQL-Wert "NPA (AQL)"

Anzahl der Q-Merkmale je AQL-Wert

Stichprobenumfang je AQL-Wert "nPA (AQL)"

```
1. AUFTRAG   - - - - -   LOSGROESSE:  30
2. AUFTRAG   - - - - -   LOSGROESSE:  50
3. AUFTRAG   - - - - -   LOSGROESSE:  50
4. AUFTRAG   - - - - -   LOSGROESSE: 100
```

Bild A3: Programminterne Darstellung der Vorgehensweise zur statistischen Endprüfung am Beispiel von vier Aufträgen

```
   A1         VERTEILUNG DER PRUEFAUFGABEN AUF MAX.   30 WERKSTUECKE

+-----------------------------------+------------------------------+
I LNR     S- NR  P-HAEUFIG     NS I         I         I         II
+-----------------------------------+---------+---------+---------++
I   1     1-  1      10 %    =   3 I*.............**..............I
I   2      -  2       6 %    =   2 I*.................*...........I
I   3      -  3       3 %    =   1 I*.............................I
I   4      -  4       6 %    =   2 I*....*........................I
I   5      -  5      16 %    =   5 I*..*..*....*............*.....I
I   6      -  6      30 %    =   9 I**....*.***....*....**........I
I   7     2-  1       3 %    =   1 I*.............................I
I   8      -  2       3 %    =   1 I*.............................I
I   9      -  3       3 %    =   1 I*.............................I
I  10      -  4       3 %    =   1 I*.............................I
I  11      -  5       6 %    =   2 I*.*...........................I
I  12      -  6       3 %    =   1 I*.............................I
+-----------------------------------+=========+=========+=========++
I LNR     S- NR  P-HAEUFIG     NS I=========+=========+=========++
```

```
   A2         VERTEILUNG DER PRUEFAUFGABEN AUF MAX.   50 WERKSTUECKE

+-----------------------------------+--------------------------------------------------+
I LNR     S- NR  P-HAEUFIG     NS I         I         I         I         I         II
+-----------------------------------+---------+---------+---------+---------+---------++
I  13     1-  1       2 %    =   1 I*.................................................I
I  14      -  2       6 %    =   3 I*...*..................................*..........I
I  15     2-  1       4 %    =   2 I*..*..............................................I
I  16      -  2       2 %    =   1 I*.................................................I
I  17     3-  1       6 %    =   3 I*................................*..*.............I
I  18      -  2     100 %    =  50 I**************************************************I
I  19      -  3     100 %    =  50 I**************************************************I
I  20      -  4       2 %    =   1 I*.................................................I
I  21      -  5       4 %    =   2 I*...........................*.....................I
I  22      -  6       6 %    =   3 I*...................*..................*..........I
I  23      -  7       2 %    =   1 I*.................................................I
I  24      -  8       4 %    =   2 I*............................................*....I
I  25      -  9     100 %    =  50 I**************************************************I
I  26      - 10       2 %    =   1 I*.................................................I
I  27      - 11       2 %    =   1 I*.................................................I
+-----------------------------------+=========+=========+=========+=========+=========++
I LNR     S- NR  P-HAEUFIG     NS I=========+=========+=========+=========+=========++
```

```
   A3         VERTEILUNG DER PRUEFAUFGABEN AUF MAX.   50 WERKSTUECKE

+-----------------------------------+--------------------------------------------------+
I LNR     S- NR  P-HAEUFIG     NS I         I         I         I         I         II
+-----------------------------------+---------+---------+---------+---------+---------++
I  28     1-  1       2 %    =   1 I*.................................................I
I  29      -  2       2 %    =   1 I*.................................................I
I  30      -  3       2 %    =   1 I*.................................................I
I  31      -  4       6 %    =   3 I*....*................................*...........I
I  32      -  6       2 %    =   1 I*.................................................I
I  33      -  7       2 %    =   1 I*.................................................I
I  34      -  8       2 %    =   1 I*.................................................I
I  35      -  9       2 %    =   1 I*.................................................I
I  36      - 10       2 %    =   1 I*.................................................I
I  37      - 11       8 %    =   4 I*.............*.........*............*............I
I  38      - 12      14 %    =   7 I*...*.......*..*.*......**........................I
I  39      - 13     100 %    =  50 I**************************************************I
I  40     2-  1       6 %    =   3 I*..........................................*.*....I
I  41      -  2       2 %    =   1 I*.................................................I
I  42      -  3     100 %    =  50 I**************************************************I
I  43      -  4     100 %    =  50 I**************************************************I
+-----------------------------------+=========+=========+=========+=========+=========++
I LNR     S- NR  P-HAEUFIG     NS I=========+=========+=========+=========+=========++
```

```
   A4         VERTEILUNG DER PRUEFAUFGABEN AUF MAX.  100 WERKSTUECKE

+-----------------------------------+-------------------------------------------------------------------------
I LNR     S- NR  P-HAEUFIG     NS I         I         I         I         I         I         I         I
+-----------------------------------+---------+---------+---------+---------+---------+---------+---------+---
I  44     1-  2       1 %    =   1 I*........................................................................
I  45      -  3       3 %    =   3 I*........................................*...............................
I  46      -  4       3 %    =   3 I*...............*......................................................*.
I  47      -  5       8 %    =   8 I*...........................................*........*.......*....*......
I  48      -  6       1 %    =   1 I*........................................................................
I  49      -  7     100 %    = 100 I*************************************************************************
I  50     2-  1       4 %    =   4 I*......................*..........*......................................
I  51      -  2       1 %    =   1 I*........................................................................
I  52      -  3       1 %    =   1 I*........................................................................
I  53      -  4       8 %    =   8 I*............................................*...........*..*.**...*...*.
I  54      -  6       1 %    =   1 I*........................................................................
I  55     3-  1       1 %    =   1 I*........................................................................
I  56      -  2       1 %    =   1 I*........................................................................
I  57      -  3       1 %    =   1 I*........................................................................
I  58      -  4       2 %    =   2 I*........................................................................
+-----------------------------------+=========+=========+=========+=========+=========+=========+=========+===
I LNR     S- NR  P-HAEUFIG     NS I=========+=========+=========+=========+=========+=========+=========+===
```

Auftrag: A 3 Bezeichnung: 300 Blatt 1 von 4

Seite S	Merkmalsnr. an Werkstückseite Q	QM-Klasse K	Nennmaß (mm, grd.) (L,W,M,F,R,G)	Gewindesteigung/ Schenkellänge (mm) P	ob. Tol. (µm; ") O	unt. Tol. (µm; ") U
S 1	1	1	L 130.	---	100	-100
	2	8	L 36.	---	100	-50
	3	8	L 12.	---	100	-50
	4	8	L 20.	---	100	-50
	5	8	L 92	---	100	-100
	6	8	L 64.	---	100	-50
	7	8	L 16.	---	50	-50
	8	5	L 16.	---	150	0
	9	5	L 16.	---	150	0
	10	5	L 16.	---	150	0
	11	4	L 10.	---	0	-100
	12	4	L 108.	---	150	0
	13	1	L 30.	---	50	0
S 2	1	1	L 82.	---	50	-50
	2	1	L 54.	---	100	-100
	3	1	L 20.	---	0	-50

```
+===================================================================+
I------ PRUEFHAEUFIGKEITSPLAN  ZUR FERTIGUNGSENDPRUEFUNG   --------I
I ANNAHMEWAHRSCHEINLICHKEIT:  95 %  ---  RUECKWEISE-:  10 %         I
+-------------------------------------------------------------------+
I      PRUEFER:     HGB                        BLATT:  1/ 1   VON ---  I
I                                                                   I
I AUFTRAGS-NR:    100 (  1) LOSGROESSE:  30          DATUM:  16-SEP-80 I
I A1                                                                I
+-------------------------------------------------------------------+
I LFDE\QMK\ AQL\TK\NENNMASS\ TOLOB \ TOLUN ! IST-MASS \ ABWCH \ BEM.I
IS -NR\ NR\      \  \[MM,GRD]\ [UM,"]\ [UM,"]! [MM,GRAD]\        \     I
+-------------------------------------------------------------------+
I1-   1\   1\   .6\ 4\150.000 \   150 \     0 ! ----,--- \ ----- \ --- I
I     2\   5\  4.0\ 4\ 20.000 \    50 \  -100 ! ----,--- \ ----- \ --- I
I     3\   2\10.0\ 5\ 30.000 \   200 \     0 ! ----,--- \ ----- \ --- I
I     4\   8\   .2\ 2\ 38.000 \    40 \   -40 ! ----,--- \ ----- \ --- I
I     5\   8\   .2\ 2\ 90.000 \    40 \   -40 ! ----,--- \ ----- \ --- I
I     6\   3\   .6\ 3\ 25.000 \    90 \   -90 ! ----,--- \ ----- \ --- I
I2-   1\   1\   .6\ 4\ 66.000 \   150 \     0 ! ----,--- \ ----- \ --- I
I     2\   1\10.0\ 5\ 86.000 \   100 \  -100 ! ----,--- \ ----- \ --- I
I     3\   5\  4.0\ 4\ 30.000 \    50 \  -100 ! ----,--- \ ----- \ --- I
I     4\   2\10.0\ 5\ 50.000 \   200 \     0 ! ----,--- \ ----- \ --- I
I     5\   8\  1.5\ 4\ 32.000 \     0 \  -150 ! ----,--- \ ----- \ --- I
I     6\   8\  1.5\ 4\ 28.000 \     0 \  -150 ! ----,--- \ ----- \ --- I
I-------------------------------------------------------------------I
```

```
+===================================================================+
I------ PRUEFHAEUFIGKEITSPLAN  ZUR FERTIGUNGSENDPRUEFUNG   --------I
I ANNAHMEWAHRSCHEINLICHKEIT:  95 %  ---  RUECKWEISE-:  10 %         I
+-------------------------------------------------------------------+
I      PRUEFER:     HGB                        BLATT:  1/ 1   VON ---  I
I                                                                   I
I AUFTRAGS-NR:    300 (  1) LOSGROESSE:  50          DATUM:  16-SEP-80 I
I A3                                                                I
+-------------------------------------------------------------------+
I LFDE\QMK\ AQL\TK\NENNMASS\ TOLOB \ TOLUN ! IST-MASS \ ABWCH \ BEM.I
IS -NR\ NR\      \  \[MM,GRD]\ [UM,"]\ [UM,"]! [MM,GRAD]\        \     I
+-------------------------------------------------------------------+
I1-   1\   1\10.0\ 5\130.000 \   100 \  -100 ! ----,--- \ ----- \ --- I
I     2\   8\  1.5\ 4\ 36.000 \   100 \   -50 ! ----,--- \ ----- \ --- I
I     3\   8\  1.5\ 4\ 12.000 \   100 \   -50 ! ----,--- \ ----- \ --- I
I     4\   8\  1.5\ 4\ 20.000 \   100 \   -50 ! ----,--- \ ----- \ --- I
I     6\   8\  1.5\ 4\ 64.000 \   100 \   -50 ! ----,--- \ ----- \ --- I
I     7\   8\  1.5\ 3\ 16.000 \    50 \   -50 ! ----,--- \ ----- \ --- I
I     8\   5\  4.0\ 4\ 16.000 \   150 \     0 ! ----,--- \ ----- \ --- I
I     9\   5\  4.0\ 4\ 16.000 \   150 \     0 ! ----,--- \ ----- \ --- I
I    10\   5\  4.0\ 4\ 16.000 \   150 \     0 ! ----,--- \ ----- \ --- I
I    11\   4\   .2\ 3\ 10.000 \     0 \  -100 ! ----,--- \ ----- \ --- I
I    12\   4\   .2\ 4\108.000 \   150 \     0 ! ----,--- \ ----- \ --- I
I    13\   1\$$$$\ 1\ 30.000 \    50 \     0 ! ----,--- \ ----- \ --- I
I2-   1\   1\   .6\ 3\ 82.000 \    50 \   -50 ! ----,--- \ ----- \ --- I
I     2\   1\10.0\ 5\ 54.000 \   100 \  -100 ! ----,--- \ ----- \ --- I
I     3\   1\$$$$\ 1\ 20.000 \     0 \   -50 ! ----,--- \ ----- \ --- I
I     4\   1\$$$$\ 1\ 62.000 \     0 \   -50 ! ----,--- \ ----- \ --- I
I-------------------------------------------------------------------I
```

```
+===================================================================+
I------ PRUEFHAEUFIGKEITSPLAN  ZUR FERTIGUNGSENDPRUEFUNG   --------I
I ANNAHMEWAHRSCHEINLICHKEIT:  95 %  ---  RUECKWEISE-:  10 %         I
+-------------------------------------------------------------------+
I      PRUEFER:     HGB                        BLATT:  1/ 1   VON ---  I
I                                                                   I
I AUFTRAGS-NR:    200 (  1) LOSGROESSE:  50          DATUM:  16-SEP-80 I
I A2                                                                I
+-------------------------------------------------------------------+
I LFDE\QMK\ AQL\TK\NENNMASS\ TOLOB \ TOLUN ! IST-MASS \ ABWCH \ BEM.I
IS -NR\ NR\      \  \[MM,GRD]\ [UM,"]\ [UM,"]! [MM,GRAD]\        \     I
+-------------------------------------------------------------------+
I1-   1\   1\   .6\ 4\114.000 \     0 \  -150 ! ----,--- \ ----- \ --- I
I     2\   1\   .6\ 3\ 34.000 \     0 \  -100 ! ----,--- \ ----- \ --- I
I2-   1\   1\   .6\ 3\ 84.000 \   100 \     0 ! ----,--- \ ----- \ --- I
I     2\   1\10.0\ 5\ 66.000 \   100 \  -100 ! ----,--- \ ----- \ --- I
I3-   1\   1\   .6\ 3\ 40.000 \     0 \  -100 ! ----,--- \ ----- \ --- I
I     2\   8\$$$$\ 1\ 60.000 \     0 \   -50 ! ----,--- \ ----- \ --- I
I     3\   8\$$$$\ 1\ 20.000 \     0 \   -50 ! ----,--- \ ----- \ --- I
I     4\   8\  1.5\ 3\ 20.000 \    90 \     0 ! ----,--- \ ----- \ --- I
I     5\   8\  1.5\ 3\ 30.000 \     0 \  -100 ! ----,--- \ ----- \ --- I
I     6\   8\  1.5\ 3\ 84.000 \     0 \  -100 ! ----,--- \ ----- \ --- I
I     7\   5\  4.0\ 3\ 34.000 \    50 \   -50 ! ----,--- \ ----- \ --- I
I     8\   5\  4.0\ 3\ 25.000 \    50 \   -50 ! ----,--- \ ----- \ --- I
I     9\   5\$$$$\ 1\ 25.000 \    50 \     0 ! ----,--- \ ----- \ --- I
I    10\   2\10.0\ 5\ 45.000 \   100 \  -100 ! ----,--- \ ----- \ --- I
I    11\   2\10.0\ 5\ 45.000 \   100 \  -100 ! ----,--- \ ----- \ --- I
I-------------------------------------------------------------------I
```

```
+===================================================================+
I------ PRUEFHAEUFIGKEITSPLAN  ZUR FERTIGUNGSENDPRUEFUNG   --------I
I ANNAHMEWAHRSCHEINLICHKEIT:  95 %  ---  RUECKWEISE-:  10 %         I
+-------------------------------------------------------------------+
I      PRUEFER:     HGB                        BLATT:  1/ 1   VON ---  I
I                                                                   I
I AUFTRAGS-NR:    400 (  1) LOSGROESSE: 100          DATUM:  16-SEP-80 I
I A4                                                                I
+-------------------------------------------------------------------+
I LFDE\QMK\ AQL\TK\NENNMASS\ TOLOB \ TOLUN ! IST-MASS \ ABWCH \ BEM.I
IS -NR\ NR\      \  \[MM,GRD]\ [UM,"]\ [UM,"]! [MM,GRAD]\        \     I
+-------------------------------------------------------------------+
I1-   2\   1\10.0\ 5\ 30.000 \   100 \  -100 ! ----,--- \ ----- \ --- I
I     3\   1\   .6\ 3\  8.000 \   100 \     0 ! ----,--- \ ----- \ --- I
I     4\   3\   .6\ 3\ 65.000 \    90 \   -90 ! ----,--- \ ----- \ --- I
I     5\   4\   .2\ 3\ 50.000 \    50 \   -50 ! ----,--- \ ----- \ --- I
I     6\   4\   .2\ 4\ 16.000 \     0 \  -150 ! ----,--- \ ----- \ --- I
I     7\   8\$$$$\ 1\ 80.000 \    50 \     0 ! ----,--- \ ----- \ --- I
I2-   1\   1\   .6\ 4\ 42.000 \     0 \  -150 ! ----,--- \ ----- \ --- I
I     2\   1\   .6\ 4\ 84.000 \   150 \     0 ! ----,--- \ ----- \ --- I
I     3\   2\10.0\ 5\ 32.000 \   100 \  -100 ! ----,--- \ ----- \ --- I
I     4\   5\   .6\ 2\ 26.000 \    40 \   -40 ! ----,--- \ ----- \ --- I
I     6\   8\  1.5\ 3\ 36.000 \    50 \   -50 ! ----,--- \ ----- \ --- I
I3-   1\   1\   .6\ 3\ 58.000 \   100 \     0 ! ----,--- \ ----- \ --- I
I     2\   5\  4.0\ 4\ 28.000 \   150 \     0 ! ----,--- \ ----- \ --- I
I     3\   8\  1.5\ 3\ 20.000 \    50 \   -50 ! ----,--- \ ----- \ --- I
I     4\   8\  1.5\ 3\ 20.000 \    50 \   -50 ! ----,--- \ ----- \ --- I
I-------------------------------------------------------------------I
```

Auftrags-Nr.	Losgröße N (St.)	Industriebetrieb Stichprobengröße nPA (St.)	FENPRU Stichprobengröße nPA (St.)	Industriebetrieb Prüfaufgaben je Werkstück	FENPRU Prüfaufgaben je Werkstück
120	360	544	166	1,51	0,46
122	360	524	142	1,46	0,39
146	420	600	165	1,43	0,39
288	360	581	216	1,61	0,60
	Σ 1500	Σ 2249	Σ 689	⌀ 1,50	⌀ 0,46
120 + 122	720		214		0,30
146 + 288	780		261		0,33
	Σ 1500		Σ 475		⌀ 0,32
120 + 122 + 146 + 288	1500		321		0,21

Bild A7: Ermittelte Stichprobengrößen (nPA) bei einzel- und zusammenbewerteten Aufträgen nach zwei verschiedenen Vorgehensweisen

Stufenweise Ableitung eines praktischen Planungssystems für den Entwicklungsbereich
Von R Hichert ISBN 3-7830-0149-8
1978, 151 Seiten, kartoniert 52,— DM

Produktionsplanung mit Auftragsfamilien
Von U W Geitner ISBN 3-7830-0161 7
1979, 110 Seiten, kartoniert 45,— DM

Thermisch-chemisches Entgraten
Von T Wagner ISBN 3-7830-0164-1
1979, 111 Seiten, kartoniert 45,— DM

Untersuchung der Materialflußkosten bei ausgewählten Systemen der Zentralen Arbeitsverteilung
Von R Wenzel ISBN 3-7830-0162-5
1979, 168 Seiten, kartoniert 86,— DM

Anpassung und Einführung eines Planungssystems fur die Ablaufplanung im Konstruktionsbereich
Von W Dangelmaier ISBN 3-7830-0163-3
1979, 168 Seiten, kartoniert 80,— DM

Längenmessungen an bewegten Teilen mit berührungslos wirkenden Aufnehmern
Von H Lang ISBN 3-7830-0157-9
1979, 89 Seiten, kartoniert 42,— DM

Untersuchung multistabiler Strömungselemente und ihr Einsatz in sequentiellen Steuerungen
Von A Ernst ISBN 3-7830-0157-9
1979, 122 Seiten, kartoniert 48,— DM

Taktile Sensoren für programmierbare Handhabungsgeräte
Von M Schweizer ISBN 3-7830-0158-7
1979, 91 Seiten, kartoniert 42,— DM

Die rechnerunterstützte Prüfplanung
Von P Blasing ISBN 3-7830-0152-8
1979, 100 Seiten, kartoniert 44,— DM

Verfahren zur Fabrikplanung im Mensch-Rechner-Dialog am Bildschirm
Von W Ernst ISBN 3-7830-0156-0
1979, 218 Seiten, kartoniert 72,— DM

Rechnerunterstütztes Verfahren zur Leistungsabstimmung von Mehrmodell-Montagesystemen
Von M Gorke ISBN 3-7830-0155-2
1979, 139 Seiten, kartoniert 50,— DM

Standortbezogene Betriebsmittel
Von G Pflieger ISBN 3-7830-0167-6
1979, 127 Seiten, kartoniert 52,— DM

Die betriebswirtschaftliche Beurteilung neuer Arbeitsformen
Von B -H Zippe ISBN 3-7830-0168-4
1979, 350 Seiten, kartoniert 98,— DM

Untersuchung des Arbeitsverhaltens programmierbarer Handhabungsgeräte
Von B Brodbeck ISBN 3-7830-0169-2
1979, 117 Seiten, kartoniert 48,— DM

Untersuchung eines kohärent-optischen Verfahrens zur Rauheitsmessung
Von N Rau ISBN 3-7830-0174-9
1979, 117 Seiten, kartoniert 48,— DM

Entwicklung einer programmierbaren, pneumatischen Steuerung
Von D Klemenz ISBN 3-7830-0171-4
1979, 93 Seiten, kartoniert 42,— DM

IPA Forschung und Praxis

Berichte aus dem Fraunhofer-Institut für Produktionstechnik und Automatisierung, Stuttgart, und dem Institut für Industrielle Fertigung und Fabrikbetrieb der Universität Stuttgart

Herausgeber: Prof. Dr.-Ing. H. J. Warnecke

38 **Arbeitsgangterminierung mit variabel strukturierten Arbeitsplänen — Ein Beitrag zur Fertigungssteuerung flexibler Fertigungssysteme**
Von U. Maier ISBN 3-540-10213-2
1980, 111 Seiten mit 45 Abbildungen 43,— DM

39 **Kapazitätsabgleich bei flexiblen Fertigungssystemen**
Von P. S. Nieß ISBN 3-540-10372-4
1980, 151 Seiten mit 57 Abbildungen 48,— DM

40 **Schichtdickenverteilung auf galvanisierten Paßteilen am Beispiel kleiner abgesetzter Wellen und Bohrungen**
Von D. Wolfhard ISBN 3-540-10373-2
1980, 177 Seiten mit 83 Abbildungen 48,— DM

41 **Planung von Mehrstellenarbeit unter Berücksichtigung von Umfeldaufgaben**
Von S. Haußermann ISBN 3-540-10374-0
1980, 136 Seiten mit 59 Abbildungen 48,— DM

42 **Untersuchungen zur Schmierfilmdicke in Druckluftzylindern — Beurteilung der Abstreifwirkung und des Reibungsverhaltens von Pneumatikdichtungen mit Hilfe eines neu entwickelten Schmierfilmdicken-meßverfahrens**
Von R. Kohnlechner ISBN 3-540-10375-9
1980, 100 Seiten mit 38 Abbildungen und 4 Tabellen 43,— DM

43 **Typologie zum überbetrieblichen Vergleich von Fertigungssteuerungsverfahren im Maschinenbau**
Von G. Rabus ISBN 3-540-10376-7
1980, 174 Seiten mit 88 Abbildungen und 21 Tafeln 48,— DM

44 **System zur Planung des Umlaufbestandes in Betrieben mit Serienfertigung**
Von K.-G. Wilhelm ISBN 3-540-10377-5
1980, 142 Seiten mit 67 Abbildungen und 15 Tafeln 48,— DM

45 **Rechnerunterstützte Arbeitsplanerstellung mit Kleinrechnern, dargestellt am Beispiel der Blechbearbeitung**
Von W. Hoheisel ISBN 3-540-10505-0
1981, 169 Seiten mit 74 Abbildungen 48,— DM

46 **Beitrag zur Verbesserung der Wirtschaftlichkeit EDV-unterstützter Fertigungssteuerungssysteme durch Schwachstellenanalyse**
Von J. Lienert ISBN 3-540-10506-9
1981, 148 Seiten mit 37 Abbildungen 48,— DM

47 **Die Abscheidung von Öl an Entlüftungsöffnungen drucklufttechnischer Anlagen**
Von W.-D. Kiessling ISBN 3-540-10604-9
1981, 117 Seiten mit 48 Abbildungen und 3 Tabellen 43,— DM

48 **Dynamische Optimierung technisch-ökonomischer Systeme**
Von J. Warschat ISBN 3-540-10717-7
1981, 132 Seiten mit 60 Abbildungen 43,— DM

49 **Bildsensor zur Mustererkennung und Positionsmessung bei programmierbaren Handhabungsgeräten**
Von H. Geißelmann ISBN 3-540-10735-5
1981, 125 Seiten mit 52 Abbildungen 43,— DM

50 **Verfügbarkeitsberechnung für komplexe Fertigungseinrichtungen**
Von Ekkehard Gericke ISBN 3-540-10779-7
1981, 132 Seiten mit 71 Abbildungen 43,— DM

51 **Materialflußgestaltung in Fertigungssystemen**
Von Willi Roßner ISBN 3-540-10888-2
1981, 149 Seiten mit 76 Abbildungen 48,— DM

52 **Beitrag zur Analyse der Auswirkungen der Mikroelektronik, dargestellt am Beispiel der Büromaschinen-Industrie**
Von Werner Neubauer ISBN 3-540-10991-9
1981, 145 Seiten mit 27 Abbildungen und 47 Tabellen 43,— DM

53 **Modelle von Informationssystemen zur kurzfristigen Fertigungssteuerung und ihre Gestaltung nach betriebsspezifischen Gesichtspunkten**
Von Roland Gentner ISBN 3-540-10992-7
1981, 181 Seiten mit 69 Abbildungen und 7 Tabellen 48,— DM

54 **Entwicklung von Verfahren zur Terminplanung und -steuerung bei flexiblen Montagesystemen**
Von Jurgen H. Kolle ISBN 3-540-11227-8
1981, 132 Seiten mit 64 Abbildungen und 1 Faltplan 43,— DM

55 **Arbeits- und Kapazitätsteilung in der Montage**
Von Stefan Dittmayer ISBN 3-540-11228-6
1981, 124 Seiten und 56 Abbildungen 43,— DM

Die Berichte 38 und folgende sind zu beziehen durch den Springer-Verlag, Berlin Heidelberg New York

IPA Forschung und Praxis

Berichte aus dem Fraunhofer-Institut für Produktionstechnik und Automatisierung, Stuttgart, und dem Institut für Industrielle Fertigung und Fabrikbetrieb der Universität Stuttgart

Herausgeber. Prof Dr.-Ing. H J. Warnecke

56 **Beitrag zur systematischen Planung der Qualitätsprüfung bei Klein- und Mittelserienfertigung**
Von Herbert Babić ISBN 3-540-11325-8
1982, 108 Seiten mit 38 Abbildungen und 7 Tabellen 43,— DM

Die Berichte 38 und folgende sind zu beziehen durch den Springer-Verlag, Berlin Heidelberg New York

GPSR Compliance

The European Union's (EU) General Product Safety Regulation (GPSR) is a set of rules that requires consumer products to be safe and our obligations to ensure this.

If you have any concerns about our products, you can contact us on ProductSafety@springernature.com

In case Publisher is established outside the EU, the EU authorized representative is:

Springer Nature Customer Service Center GmbH
Europaplatz 3
69115 Heidelberg, Germany

Batch number: 10704703

Printed by Printforce, the Netherlands